190쪽만 읽으면 생알못에서 생잘알로 등극

생물 전공자가
풀어주는 생물 이야기

권현진 지음

FOREST
WHALE

작가의 말

저는 고려대학교 생명공학부를 졸업한 생물 전공자입니다. 유치원생 친구들도 생물 이야기를 쉽게 이해하고 재미있게 느낄 수 있도록 이 책을 쓰게 되었습니다.

사실 이전에 '바이올로지 공부하다 골(goal)로 가지'라는 책을 출판했었습니다.

하지만 더 쉽고 재미있는 책을 쓰고 싶다는 생각에 이 책을 절판하고, 이번 책을 쓰기 위해 Bucketus라는 좋은 프로그램에도 참여하며 정말 많은 공을 들였습니다.

제가 애정을 담아 쓴 이 책을 통해 독자분들이 생물에 대한 흥미와 지식, 이 두 마리 토끼를 모두 잡고 가시기를 진심으로 바랍니다.

두마리 토끼잡기

목차

1장 세포생물학

2장 생화학, 유전학, 면역학

3장 인체생리학

여성과 남성의 생식에 대해 알아보자!

4장 Ph. D. in sex education
(올바른 성교육)

Ph.D in sex education _168

프롤로그

 책상 앞에 앉아 입시를 준비하며, 또 대학에서 생물을 공부하는 시간들은 제게 때로는 지독하리만큼 많은 암기를 요구했고, 외워도 자꾸 잊어버리는 과정이 반복되어 권태롭고 지루하게 느껴지기도 했습니다. 이러한 감정에 깊이 빠져들다가 문득, '나는 평생 생물과 함께할 텐데, 내 전공을 이렇게 미워하면 과연 행복할 수 있을까?' 하는 근본적인 질문에 마주하게 되었습니다.

 그래서 저는 과거 생물을 처음 공부하고 싶다고 마음먹었던 그때의 설레는 저의 모습을 떠올리게 되었습니다. 지금 어쩌면 저와 비슷한 권태로움이나 어려움을 느끼고 있을지도 모를 누군가가 이 책을 통해 생물의 재미를 다시 느끼고 흥미롭게 배워가면 좋겠다는 소망을 담아 이 책을 쓰기 시작했습니다. 동시에 저 역시 이 책을 쓰면서 '생물 이야기도 이렇게 재미있게 할 수 있구나!' 하는 초심으로 돌아가고 싶은 마음이 컸습니다.

그렇다면 생물의 매력이란 과연 무엇일까요?

저는 그것이 바로 '진짜 나 자신에 대해 알아가는 과정'이라고 생각합니다. 사람은 평생 살면서 본인 스스로를 완벽하게 파악하고 죽지 않는다고들 말합니다. 하지만 생물학을 공부하면 적어도 내 몸을 이루는 세포, 조직, 기관들이 어떻게 구성되어 있고 어떤 기능을 하며 왜 그렇게 작동하는지에 대한 근원적인 이해를 얻을 수 있습니다. 이는 마치 평생 완벽하게 파악하기 어려운 '나'라는 미지의 세계, 즉 암흑 속 터널에서 길을 밝히는 작은 손전등과 같은 역할을 한다고 생각합니다.

이렇게 알고 보면 흥미롭고 재미있는 생물 이야기! 지루함 때문에 잠시 멀어졌던 생물과 이 책을 함께하며, 생물에 대한 애정도 높이고 지식도 쏙쏙 얻어가시는 건 어떨까요?

이 책이 여러분에게 생물의 새로운 매력을 발견하는 작은 계기가 되기를 바랍니다.

책을 들어가기에 앞서 세상을 바꾼 인공지능 검색창 GPT에게 검색하는 듯한 느낌으로 구성해 보았습니다.

그리고 귀여운 일러스트를 첨부하면서 친절한 선생님께서 알려주시는 듯한 대화 문체로 써 보았습니다.

그림도 많이 없고 너무 딱딱한 문체를 사용하면 아무래도 딱딱한 내용인데 전공책을 읽는 기분일 거 같아서 대화하듯이 친절하게 생물에 스며들어 봅시다.

1장

세포생물학

오늘은 무슨 생각을
하고 계신가요

생물은 무엇일까요?

+

생물은 무엇일까요?
(생물이 되기 위한 5가지 관문을 통과해 볼까요?)

혹시 누가 갑자기 어깨를 톡톡 치면서 "저기요, 생물이 대체 뭐예요?" 하고 묻는다면, 자신 있게 대답해 줄 수 있을까요?

이 질문은 사실 생물의 가장 기본 중의 기본이면서도, 얼마나 중요한지 몰라요. 심지어 대학교 면접에서도 이 질문을 받았다는 친구 이야기도 들었거든요.

그럼 생물은 과연 뭘까요? 생물은 마치 살아있는 존재를 나타내는 예쁜 퍼즐 같다고 생각하면 돼요.

이 퍼즐이 완성되려면 여러 조각들이 꼬옥 제자리에 있어야 하거든요. 쉽게 말하면, 생물은 세포로 이루어져 있고, 스스로 에너지를 만들고 쓰고(물질대사), 주변 자극에 반응하고, 자기 몸을 일정하게 유지

하고(항상성 유지), 자손을 만들고(생식), 시간이 지나면서 조금씩 변하기도 하고(진화), 자기 정보를 물려주고 수를 늘리는(유전과 증식) 그런 존재라고 할 수 있어요.

어떤 게 생물인지 아닌지 궁금할 때는 딱 5가지만 살펴보면 돼요. 마치 생물 자격증을 따기 위한 귀여운 필수 관문 5가지라고 생각하면 훨씬 쉽답니다!

1. 세포로 이루어져 있나요? (혼자 살 수 있는 작은 방이 있나요?)

2. 스스로 복사하고 수를 늘릴 수 있나요? (자기 복제와 증식)

3. 주변 자극에 반응하고 자기 몸을 일정하게 유지할 수 있나요?

   (자극 반응과 항상성 유지)

4. 스스로 에너지를 만들고 쓸 수 있나요? (물질대사)

5. 자손을 남기고 시간이 지나면서 조금씩 변할 수 있나요?

   (생식과 진화)

독자님은 생물일까요? 앗, 물론이죠! 당연히 생물이랍니다!

그럼 질문을 살짝 바꿔볼까요?

우리를 한동안 힘들게 했던 바이러스, 예를 들면 COVID-19 같은 바이러스는 과연 생물일까요?

마스크도 쓰고, 학교도 집에서 다니고, 친구들이랑 모여 놀기도 어려웠던 그 시절을 생각하면 바이러스가 참 익숙하죠.

그럼 이 바이러스가 아까 그 '생물 자격증' 5가지 관문을 통과할 수 있을지, 우리 같이 하나씩 대입해 보자구요!

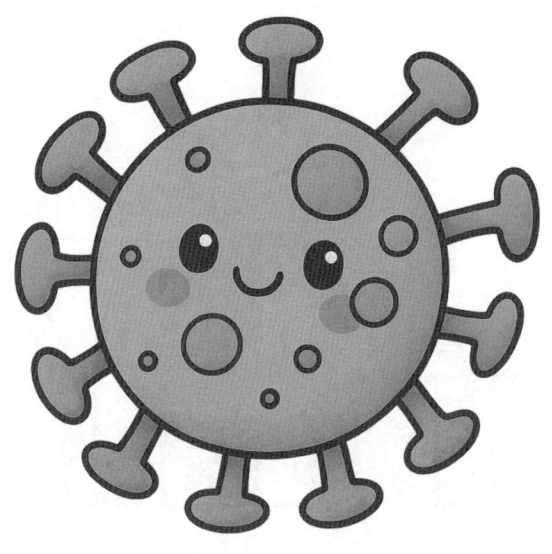

바이러스, 생물 자격증 관문 통과할 수 있을까?

1. 세포로 이루어져 있나요?

바이러스는 단백질 껍데기와 그 안에 유전 물질 (DNA나 RNA)이 들어있는 형태로 되어 있어요. 마치 예쁘게 포장된 선물 상자 같죠.

상자 안에 내용물은 있지만, 그 자체가 살아있는 집 (세포)은 아니에요. 세포는 세포막이라는 튼튼한 울타리로 둘러싸여 있어야 하는데, 이 세포막은 인지질 이라는 재료가 두 겹으로 쌓여 있고 그사이에 단백질 이 콕콕 박혀있는 특별한 구조거든요.

바이러스는 이런 세포막이 없어요. 그래서 첫 번째 관문에서는 아쉽게도 탈락! 일단 생물은 아니라고 봐야겠네요. 하지만 다른 관문들은 어떨지 계속 확인해 볼게요.

2. 스스로 복사하고 수를 늘릴 수 있나요?

바이러스는 마치 공장 없이 설계도만 가진 건축가 같아요. 스스로 공장을 돌려 건물을 지을 수는 없지만, 똑똑하게도 숙주 세포라는 다른 세포의 공장 안에 자기 설계도(유전 물질)를 슬쩍 집어넣어요. 그러면 숙주 세포 공장이 바이러스의 설계도대로 바이러스 부품들을 마구 찍어내고, 그 부품들이 조립돼서 새로운 바이러스들이 우르르 쏟아져 나오죠. 이걸 활물기생이라고 하는데, 숙주의 도움을 빌려서 자기 복제도 가능하고 증식도 가능하다고 볼 수 있어요. 이 관문은 통과! 라고 할 수 있겠네요.

3. 주변 자극에 반응하고 자기 몸을 일정하게 유지할 수 있나요?

바이러스는 숙주 세포를 알아보거나 달라붙는 것처럼 자극에 반응하는 모습을 보이긴 해요. 마치 자석이 쇠붙이에 착 달라붙는 것처럼 말이에요.

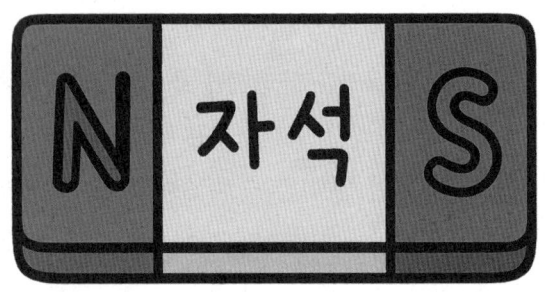

하지만 우리 몸처럼 스스로 체온을 조절하거나 몸 안 환경을 일정하게 유지하려는 항상성 유지는 하지 않아요. 바이러스는 마치 자동 온도 조절 장치 없는 창고 같아서, 외부 환경이 변하면 그냥 변하는 대로 영향을 받아요. 이 세 번째 관문은 아쉽게도 탈락! 이랍니다.

4. 스스로 에너지를 만들고 쓸 수 있나요?

물질대사는 스스로 음식을 만들고 에너지를 얻어서 사용하는 복잡한 화학 반응들을 말해요. 마치 스스로 요리를 하고 에너지를 만드는 나만의 주방을 가진 것과 같죠. 동화작용은 작은 걸 합쳐 큰 걸 만들고 에너지를 저장하는 것(광합성처럼), 이화작용은 큰 걸 분해해 작은 걸 만들고 에너지를 내보내는 것(세포 호흡처럼)이에요. 그럼 바이러스는 물질대사를 할까요? 바이러스는 숙주 세포 안에서는 숙주 세포의 주방을 빌려 쓰는 셈이라 물질대사를 할 수 있어요. 하지만 혼자서는 아무것도 하지 못하죠. 마치 재료만 있고 주방 도구가 없는 요리사 같아서 혼자서는 요리를 할 수 없어요. 이 네 번째 관문도 아쉽게도 탈락! 이네요.

5. 자손을 남기고 시간이 지나면서 조금씩 변할 수 있나요?

숙주 안에서 자신을 복제해서 새로운 바이러스 입자를 만드는 건 마치 복사기로 문서를 복사하는 것과 비슷하다고 볼 수 있어요. 그리고 유전 물질에 변이가 일어나면서 새로운 형태의 바이러스가 나타나기도 하니, 마치 소프트웨어가 업데이트되면서 새로운 기능을 추가하는 것처럼 진화도 한다고 볼 수 있어요. 이 관문은 통과! 라고 볼 수 있겠네요. 하지만 독립적인 생식 과정을 거치지는 않아요. 혼자서는 다음 세대를 만들 수 없거든요.

결론적으로, 바이러스는 생물의 특징 중 일부(증식, 진화 등)를 보여주긴 하지만, 세포 구조, 독립적인 물질대사, 항상성 유지 등 생물의 모든 조건을 스스로 갖추고 있지는 않아요. 그렇기 때문에 생물학에서는 바이러스를 보통 생물과 무생물의 중간 단계 또는 생물이 아닌 존재로 분류한답니다. 비록 살아있는 것처럼 활동하고 우리에게 큰 영향을 미치지만, 우리가 정의하는 생물의 범주에는 완벽하게 들어가지 않는 아주 특별한 경계인이라고 할 수 있어요. 어때요, 이제 바이러스가 조금은 더 이해되나요?

〈정리〉

생물 = 퍼즐

세포 = 선물 상자

바이러스 = 공장 없이 설계도만 가진 건축가, 재료만
있고 주방 도구가 없는 요리사

오늘은 무슨 생각을 하고 계신가요

우리 몸은 무엇으로 이루어졌을까요?

\+

우리 몸은 무엇으로 이루어졌을까요?
(우리 몸이라는 건물을 지어볼까요?)

우리 몸이 얼마나 대단한지 아세요? 마치 아주 정교하고 멋지게 지어진 복합 건물 같답니다! 이 건물을 짓는 데는 정말 특별한 재료들이 필요한데, 바로 탄수화물, 단백질, 지질, 그리고 핵산이에요.

사실 우리가 평소에 탄수화물, 단백질, 지질은 자주 들어봤을 거예요. 예를 들어, 편의점에 가서 좋아하는 과자를 집어 들었는데, '아, 요즘 살이 좀 쪘나?' 싶어서 영양 성분표를 읽어보니 탄수화물이랑 지질 함량이 너무 높아서 조용히 내려놓고 단백질 듬뿍 구운 계란을 집어 들었던 경험, 다들 한 번쯤은 있지 않나요? 이렇게 탄단지는 우리 일상에 아주 익숙하죠. 하지만 우리가 아는 탄단지는 사실 이 거대한 생물 건물을 짓는 데 쓰이는 재료의 아주아주 작은 부분에 불과하다는 놀라운 반전이 숨어있답니다! 이 글에서는 너무 깊이 파고들진 않을 거예요. 마치 건물의 설계도를 이해하는 데 필요한 최소한의 상식처럼, 핵심만 콕콕 짚어줄게요.

그럼 이제 영양 성분표에는 잘 안 나오는, 하지만 우리 몸의 숨겨진 핵심 재료인 핵산부터 이야기해 볼까요?

핵산은 우리 몸의 모든 정보를 꼼꼼하게 담고 있는 최고 기밀문서이자, 그 문서를 바탕으로 우리 몸의 모든 활동을 지시하는 작업 지시서 같은 존재예요.

크게 두 가지 종류가 있는데, 바로 DNA와 RNA랍니다. DNA (Deoxyribonucleic Acid)는 우리 몸의 모든 정보를 담고 있는 마스터 설계도이자, 중요한 데이터를 안전하게 보관하는 메인 하드 드라이브라고 생각하면 돼요.

마치 꽈배기처럼 예쁘게 꼬인 이중 사다리 모양을 하고 있어요. 이 사다리의 옆 기둥은 인산과 당(디옥시리보스)으로 되어 있고, 가로대 부분은 A, G, C, T라는 네 가지 글자로 된 염기들이 짝을 지어 연결되어 있답니다. 이 글자들이 바로 우리 몸의 유전 정보를 담고 있는 비밀 암호 같은 거죠. DNA는 이렇게 소중한 유전 정보를 안전하게 저장하는 역할을 해요.

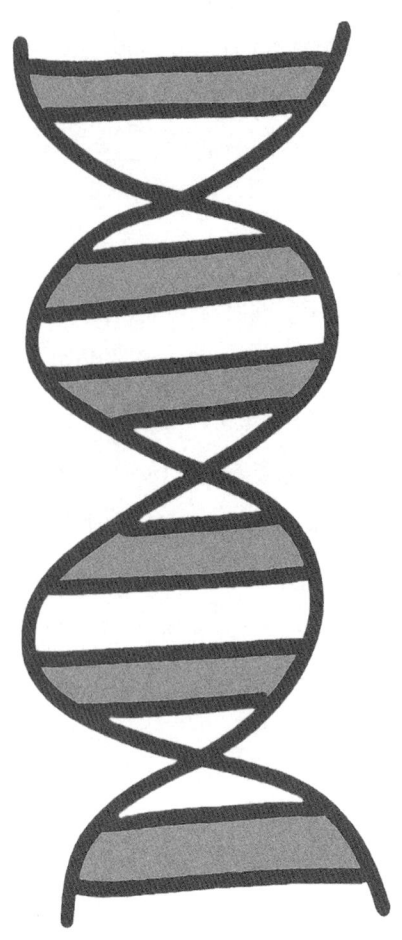

RNA (Ribonucleic Acid)는 DNA라는 마스터 설계도를 복사해서 세포의 현장으로 가져가는 작업 지시서이자 메신저 같은 존재예요. DNA처럼 이중 사다리가 아니라, 한 가닥의 튼튼한 밧줄처럼 생겼답니다. 염기 중 T 대신 U라는 글자를 사용하고, 당 부분도 DNA와는 살짝 다른 리보스라는 당으로 되어 있어요. RNA는 DNA에 저장된 유전 정보를 세포 속 공장으로 전달해서, 우리 몸을 구성하는 중요한 재료인 단백질을 만드는 데 필요한 지시를 내리는 역할을 한답니다. DNA와 RNA 이야기는 나중에 우리 유전자는 어떻게 유전될까라는 소단원에서 훨씬 더 자세히 다룰 거니까, 조금만 기다려 주세요!

다음으로 탄수화물은 우리 몸이 움직이는 데 필요한 주요 에너지원이자, 식물처럼 일부 생물의 튼튼한 뼈대를 만들기도 하는 아주 중요한 재료예요. 마치 다양한 크기의 예쁜 설탕 블록 같다고 생각하면 이해하기 쉬울 거예요.

탄수화물은 크게 단당류, 이당류, 다당류로 분류돼요.

단당류는 가장 기본적인 설탕 블록이에요.

5탄당과 6탄당이 있는데, 5탄당은 아까 핵산에서 봤던 리보스와 디옥시리보스처럼 고리가 5개인 작은 블록들이고요.

6탄당은 포도당, 과당, 갈락토스와 같이 고리가 6개인 블록들이에요. 이 6탄당들이 바로 우리 몸이 에너지를 쓰는 데 필요한 기본 연료랍니다.

이당류는 말 그대로 단당류 블록 2개가 합쳐진 형태예요. 엿당은 포도당 2개로 만들어져서 엿처럼 달콤하고요. 젖당은 포도당과 갈락토스가 합쳐져서 우유에 들어있는 블록이에요. 설탕은 포도당과 과당이 결합한, 우리가 흔히 먹는 달콤한 블록이랍니다.

다당류는 수많은 단당류 블록들이 길고 길게 연결된 형태예요. 마치 에너지를 저장하는 거대한 창고나 튼튼한 건축 자재처럼 쓰인답니다. 녹말, 글리코겐, 셀룰로스, 키틴 등 여러 종류가 있지만, 여기서는 고등학교 교과서에도 자주 등장하는 중요한 세 가지, 글리코겐, 셀룰로스, 키틴만 설명해 줄게요.

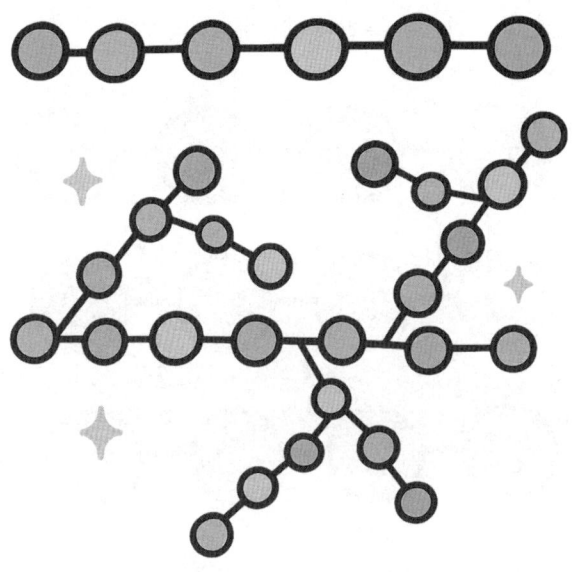

글리코겐은 동물이 에너지를 비축하는 비상식량 창고 같아요. 포도당 블록들이 잔뜩 쌓여 있죠.

셀룰로스는 식물의 세포벽을 만드는 아주아주 튼튼한 건축 자재예요. 우리 몸은 이걸 소화시키지 못해서 그냥 섬유질로 통과시킨답니다.

키틴은 곤충의 단단한 외골격 갑옷이나 곰팡이의 세포벽을 만드는 특별한 재료예요.

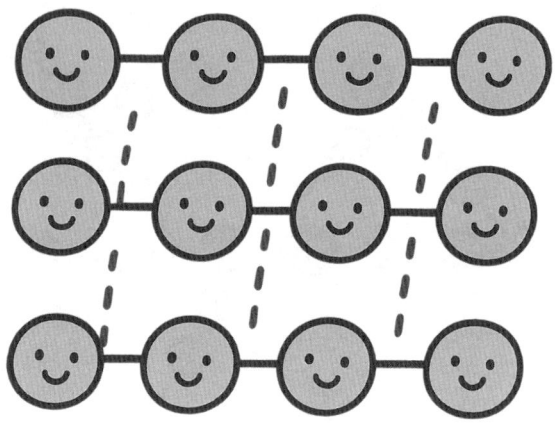

다음으로 단백질은 우리 몸에서 가장 바쁘게 일하는 만능 일꾼이자, 아주 복잡한 기능을 수행하는 정교한 건축가들이라고 할 수 있어요. 아미노산은 단백질을 이루는 가장 기본적인 단위인데, 20가지 종류가 있고 마치 레고 블록 같다고 생각하면 돼요. 이 레고 블록들이 '펩티드 결합'이라는 강력한 접착제로 연결되어 긴 사슬을 만든답니다. 이 아미노산 사슬이 어떻게 접히느냐에 따라 단백질의 기능이 결정돼요. 마치 종이접기처럼 말이죠!

계란

고기

1차 구조는 레고 블록들이 일렬로 죽 연결된 단순한 사슬이에요.

 2차 구조는 1차 구조 사슬이 나선형(알파-나선)으로 꼬이거나 병풍처럼 접히는(베타-병풍) 형태로 변하기 시작해요.

 3차 구조는 꼬이고 접힌 사슬이 더 복잡하게 구겨져서 특정한 3차원 형태를 만들어요. 마치 엉킨 실타래 같지만, 각각의 실타래는 딱 정해진 모양과 기능을 가지고 있답니다. 이 모양이 단백질의 일을 결정하는 아주 중요한 부분이에요.

 4차 구조는 여러 개의 엉킨 실타래(폴리펩티드)들이 서로 뭉쳐서 하나의 거대한 기계처럼 작동하는 형태랍니다. 또 대표적인 단백질에는 우리 피부에 중요한 콜라겐과 엘라스틴이 있어요. 콜라겐과 엘라스틴은 우리 피부의 '탄력 스프링'과 '지지대'라고 할 수 있죠. 나이가 들면서 이 스프링과 지지대가 약해지면 주름이 생기고 피부 탄력이 없어지는 거랍니다. 자외선은 이 예쁜 스프링들을 망가뜨리는 주범이니, 선크림은 우리 피부의 스프링을 보호하는 '방탄조끼' 같은 존재라고 할 수 있어요!

마지막으로 지질은 우리 몸의 에너지 저장고이자, 세포를 둘러싸서 안과 밖을 구분하는 경계선을 만드는 중요한 재료예요.

지질은 세 가지 종류가 있답니다. 중성지방, 인지질, 스테롤이에요.

중성지방은 우리 몸의 에너지 저금통 같아요. 나중에 필요할 때 꺼내 쓰는 에너지원이 되고, 내장 기관을 푹신한 보호막처럼 감싸주기도 한답니다.

인지질은 세포막을 이루는 아주 똑똑한 이중 벽돌이에요. 인산이 붙은 머리 부분은 물을 좋아하고(친수성), 지방산 꼬리 부분은 물을 싫어해서(소수성), 세포막에서 두 겹으로 나란히 서서 세포 안팎을 구분하는 경계선을 만든답니다.

스테롤은 콜레스테롤이 대표적인데, 마치 세포막의 지지대 같아서 세포막을 안정하게 유지시켜 줘요. 또한 호르몬의 재료나 비타민 D의 전구체 역할도 한답니다. 이렇게 수박 겉핥기처럼 가볍게 탄수화물, 단백질, 지질, 핵산에 대해 알아봤어요. 가장 기본적이면서도 가장 중요한 내용들이고, 이 정도만 잘 알아두어도 생물을 공부하는 데 아주 좋은 시작점이 될 수 있을 거예요. 잘 읽어보고 머릿속으로 예쁘게 정리되었으면 좋겠네요!

〈정리〉

핵산 = 우릴 몸의 모든 정보를 담은 최고 기밀문서, 우리 몸의 모든 활동을 지시하는 작업 지시서

DNA = 우리 몸의 모든 정보를 담고 있는 마스터 설계도, 중요한 데이터를 안전하게 보관하는 메인 하드 드라이브

RNA = 마스터 설계도를 복사해서 세포의 현장으로 가져가는 작업지시서이자 메신저

단당류 = 설탕 블록

단백질 = 우리 몸에서 가장 바쁘게 일하는 만능 일꾼

펩티드 결합 = 강력한 접착제

지질 = 우리 몸의 에너지 저장고

중성지방 = 우리 몸의 에너지 저금통

인지질 = 세포막을 이루는 이중 벽돌

스테롤 = 세포막의 지지대

오늘은 무슨 생각을 하고 계신가요

세포는 어떻게 생겼을까요?

+

세포는 어떻게 생겼을까요?

　독자님, 우리 몸이 얼마나 신기한지 아세요? 셀 수 없이 많은 작은 도시들, 바로 세포들로 이루어져 있답니다! 이 도시들은 크게 동물 세포 도시와 식물 세포 도시로 나눌 수 있는데, 비슷해 보이지만 식물 세포 도시는 좀 더 특별한 건물들을 가지고 있어요.

먼저, 동물 세포 도시에는 핵, 조면소포체, 활면소포체, 골지체, 미토콘드리아, 중심체, 리소좀, 리보솜이 있어요. 식물 세포 도시에도 이 건물들은 다 있지만, 여기에 액포, 엽록체, 세포벽이라는 특별한 건물들이 더 추가된답니다.

자, 그럼 이 도시들의 중요한 건물들을 하나씩 살펴볼까요?

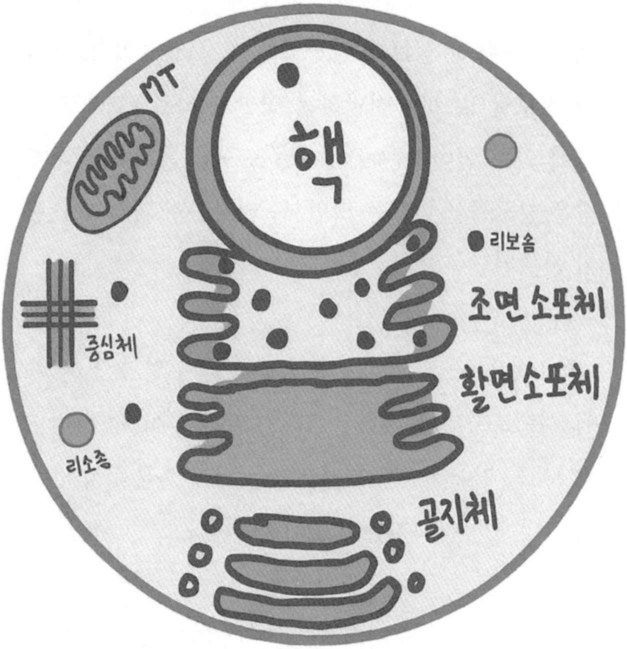

MT

핵

●리보솜

조면 소포체

활면 소포체

중심체

리소좀

골지체

중심액포
엽록체

먼저 핵은 이중막으로 둘러싸인 도시 전체를 총괄하는 컨트롤 타워 같아요. 이 안에는 도시의 모든 설계도, 즉 유전 정보가 안전하게 저장되어 있고, 필요한 정보를 밖으로 전달하는 역할도 하죠. 그리고 핵 안에 있는 인이라는 곳에서는 도시를 움직이는 아주 작은 일꾼들을 만드는 작업, 즉 리보솜의 합성과 조립이 진행된답니다.

리보솜은 아주 작지만 가장 중요한 구성 요소인 단백질을 뚝딱 만들어내는 3D 프린터 같아요. 설계도(RNA)를 읽어서 아미노산이라는 작은 블록들을 하나씩 연결해서 단백질을 만들어낸답니다.

소포체는 마치 도시의 공장 지대 같다고 생각하면 돼요.

조면 소포체는 리보솜이라는 3D 프린터들이 잔뜩 붙어 있는 공장인데, 여기서 막 찍혀 나온 단백질들이 최종적으로 기능을 할 수 있도록 다듬어지고 포장되는 작업이 이루어지죠.

반면에 활면 소포체는 리보솜이 없는 매끈한 공장인데, 여기서 지질(기름)을 합성하고, 몸에 해로운 독성 물질을 해독하며, 칼슘을 저장하고 방출하는 등 다양한 화학 실험과 저장이 이루어진답니다.

골지체는 조면 소포체에서 넘어온 단백질들을 최종적으로 분류하고, 가공해서, 도시 밖으로 내보내거나 다른 곳으로 배송하는 택배 물류센터 같아요.

미토콘드리아는 도시 전체에 필요한 에너지를 생산하는 발전소랍니다. 포도당이라는 연료를 태워서 도시의 활동에 필요한 전기(ATP)를 만들어내는 세포호흡이 바로 여기서 일어나죠.

중심체는 세포가 나뉠 때, 염색체라는 중요한 화물들을 정확히 양쪽으로 보내는 교통 정리원 역할을 해요.

그리고 리소좀은 세포 안의 낡거나 쓸모 없어진 물질들을 분해하고 소화시켜 재활용하는 재활용 센터 같은 곳인데, 재활용 도구로는 가수분해효소(물을 첨가하여 물질을 분해하는 단백질)를 활용한답니다.

이제 식물 세포 도시에만 있는 특별한 건물들을 알아볼까요? 액포는 식물 세포의 대부분을 차지하는 거대한 공간인데, 마치 거대한 창고 같아요. 물, 영양분, 심지어 쓰레기까지 저장하고, 세포에 압력을 줘서 식물이 꼿꼿하게 서 있을 수 있도록 기둥 역할도 한답니다.

엽록체는 식물 세포에만 있는 아주 특별한 건물이에요. 마치 태양열 발전소이자 식량 공장 같아서, 햇빛과 이산화탄소, 물을 이용해서 식물 스스로가 사용할 포도당이라는 에너지를 만들어낸답니다.

마지막으로 세포벽은 세포막 바깥에 있는 아주 단단한 외벽이에요. 셀룰로스로 이루어져 있고 식물 세포를 보호하고 튼튼하게 지탱해 주는 역할을 한답니다. 어때요, 우리 몸의 작은 도시들이 얼마나 대단한지 느껴지나요?

〈정리〉

핵 = 도시 전체를 총괄하는 컨트롤 타워

인 = 도시를 움직이는 아주 작은 일꾼들을 만드는 작
　　업 장소

리보솜 = 단백질을 만들어내는 3D 프린터

소포체 = 도시의 공장 지대

조면소포체 = 리보솜이라는 3D 프린터들이 붙어 있는
　　　　　　공장

활면소포체 = 리보솜이 없는 매끈한 공장

골지체 = 택배 물류센터

미토콘드리아 = 도시 전체에 필요한 에너지를 생산하
　　　　　　　는 발전소

중심체 = 염색체라는 중요한 화물들을 양쪽으로 보내
　　　　　는 교통 정리원

리소좀 = 재활용 센터

가수분해효소 = 재활용 도구

액포 = 거대한 창고

엽록체 = 태양열 발전소, 식량 공장

세포벽 = 단단한 외벽

오늘은 무슨 생각을 하고 계신가요

세포는 어떻게 분열될까요?

+

세포는 어떻게 분열될까요?

우리 세포는 정말 신기하게도 스스로를 똑같이 복제하거나, 아니면 다음 세대를 위한 특별한 세포를 만들기도 하는 자기 복제 기계 같아요.

세포가 이렇게 나뉘는 방법은 크게 두 가지가 있는데, 바로 우리 몸을 이루는 세포들이 나뉘는 몸 세포 분열(체세포 분열)과 새로운 생명을 위한 생식 세포 분열(감수 분열)이랍니다. 이 두 가지 분열 과정을 알기 전에, 각 과정이 어디에서 일어나는지 먼저 알아볼까요?

먼저 몸 세포 분열(체세포 분열)은 우리 몸이 자라고, 다친 곳이 아물고, 낡은 세포가 새 세포로 교체되는, 그야말로 성장과 복구를 위한 복사 작업이에요. 우리 몸의 거의 모든 세포에서 일어나는 분열이죠. 세포 하나가 똑같은 두 개로 나뉘면서 우리 몸이 건강하게 유지될 수 있도록 돕는답니다.

체세포 분열은 세포가 나뉘기 전에 준비하는 간기라는 단계부터 시작돼요. G1기에는 세포가 쑥쑥 자라면서 분열에 필요한 단백질과 여러 도구들을 복제하고, 이어서 S기에는 세포의 모든 설계도인 DNA를 정확히 두 배로 복사하는 아주 중요한 작업이 이루어져요. 마지막으로 G2기에서는 복사된 설계도에 혹시 오류는 없는지 꼼꼼히 확인하고, 분열을 위한 최종 준비를 마친답니다.

이렇게 준비가 끝나면 세포가 실제로 나뉘는 분열기가 시작돼요. 전기에는 핵막이라는 컨트롤 타워의 벽이 사라지고, 길게 늘어져 있던 설계도(염색질)가 작고 단단한 꾸러미(염색체)로 변해요. 그리고 염색체들을 움직일 방추사라는 밧줄들이 형성되기 시작하죠.

중기에서는 꾸러미로 포장된 염색체들이 세포의 정중앙에 마치 군인들이 열을 맞춰 도열하듯이 일렬로 예쁘게 정렬돼요. 이때 방추사 밧줄들이 염색체의 특정 부분에 딱 달라붙는답니다.

그리고 후기에서는 방추사 밧줄들이 짧아지면서, 일렬로 서 있던 염색체 꾸러미들이 정확히 반으로 쪼개져서 양쪽으로 끌려가요. 마치 줄다리기 하듯이 양쪽으로 이동하는 모습이죠.

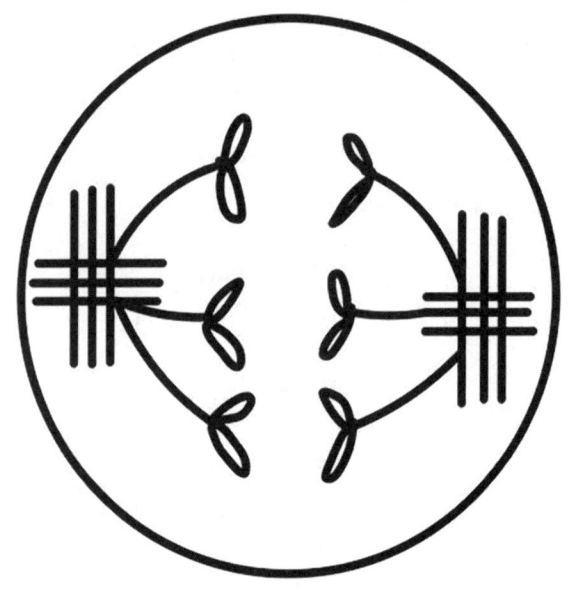

　마지막 말기에는 양쪽으로 끌려간 염색체들 주위에 새로운 핵막이 다시 생겨나고, 염색체 꾸러미들은 다시 길게 늘어진 설계도(염색질)로 돌아와요.

　그리고 세포의 바깥 부분이 세포질 분열을 시작하는데, 동물 세포는 마치 풍선을 가운데서 꽉 조이듯이 세포막이 안으로 오목하게 들어가면서 두 개의 세포로 나뉘고, 식물 세포는 세포 중앙에 새로운 벽(세포판)을 쌓아 올리면서 두 개의 세포로 분리된답니다.

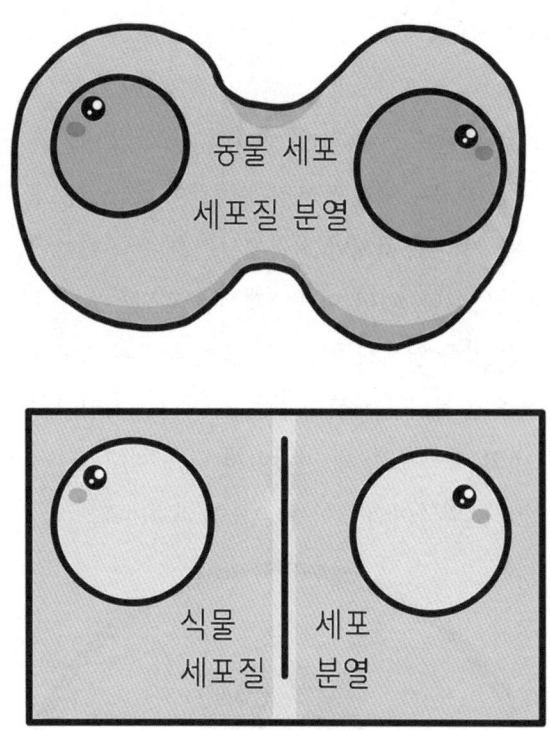

동물 세포
세포질 분열

식물 세포
세포질 분열

　다음으로 생식 세포 분열(감수 분열)은 새로운 생명을 위한 '절반의 유산'을 만드는 과정이라고 생각하면 돼요. 이 분열은 오직 생식기관(남자의 정소, 여자의 난소)에 있는 특별한 세포에서만 일어난답니다. 정자와 난자를 만들어서 다음 세대를 위한 유전 정보를 절반만 물려주는 과정이고, 두 번의 분열을 거치는 게 특징이에요.

　감수 1분열은 간기, 전기, 중기, 후기, 말기 단계를 거치는데, 간기는 체세포 분열과 똑같이 G1, S, G2 준비 단계를 거쳐요. 하지만 전기에서는 아주 특별한 일이 일어난답니다. 엄마 아빠에게서 물려받은 상동염색체라는 짝꿍 염색체들이 서로 춤을 추듯이 가까이 붙어서 유전 물질을 서로 교환해요. 이걸 교차라고 하는데, 마치 지식 교환 파티 같아서 다음 세대의 유전적 다양성을 만들어내는 아주 중요한 과정이죠.

중기에서는 이 짝꿍 염색체들이 세포 중앙에 나란히 정렬되고, 후기에서는 짝꿍 염색체들이 서로 떨어져서 양쪽으로 이동해요. 이때 염색체 수가 절반으로 줄어든답니다.

마지막으로 말기에서는 핵막이 다시 생기고 세포질이 나뉘면서, 유전 정보가 절반으로 줄어든 두 개의 세포가 만들어져요. 이어서 '감수 2분열'은 체세포 분열과 거의 똑같아요. 각 세포가 한 번 더 나뉘면서 DNA 양이 절반으로 줄어들고 염색체 수는 그대로 유지되죠. 결과적으로, 총 4개의 세포가 만들어지는데, 이 세포들은 각각 원래 세포의 절반에 해당하는 유전정보를 가지고 있어서 정자와 난자가 되는 거랍니다.

이렇게 세포생물학에 대한 기본 지식은 마무리할게요. 생물이 무엇인지, 무엇으로 이루어져 있는지, 그리고 세포가 어떻게 생겼고 어떻게 분열하는지 배웠네요. 정말 기초적이면서도 가장 중요한 내용이라고 생각해요. 이 책은 전공책이나 입시책이 아니니까, 1장을 읽음으로써 자연스럽게 개념들이 이해가되고 따로 암기하지 않아도 머릿속에 정리가 되었으면 좋겠어요. 비전공자도 이 책을 읽음으로써 생물 전공자에게 조금은 아는 척을 할 수 있는 정도?가 저의 목표인데, 잘 도달되었을까요?

다음 장은 생화학, 유전학, 면역학에 관한 단원으로 조금 더 어렵지만 또 한 번의 성장을 할 수 있는 파트라고 생각해요. 그럼 여기까지 읽는 데에 너무 수고 많았고 다음 장으로 넘어가 봅시다!

〈정리〉

간기

G1기 : 세포 성장기, 세포 분열에 필요한 단백질과 여
러 도구들을 복제함.

S기 : DNA 복제기, DNA 양을 2배로 복제함.

G2기 : 복사된 DNA가 오류가 없는지 확인하고, 분열
최종 준비 마침

분열기

전기 : 핵막 소실, 염색질이 염색체로 응축, 방추사 형성

중기 : 염색체 중아 배열, 방추사가 염색체에 붙음.

후기 : 방추사가 짧아지면서 염색체가 분리됨.

말기 : 핵막 생성, 염색체가 염색질로 풀어짐, 세포질
분열 시작

세포질 분열

동물세포 : 가운데가 들어가면서 세포막이 오목하게
두 개의 세포로 나뉨.

식물세포 : 세포 중앙에 새로운 벽인 세포벽이 생김.

감수1분열 : 상동염색체가 분리됨. 체세포 분열과의 차
이는 염색체 수가 절반으로 줄어듦.

감수2분열 : 체세포분열과 동일하고 염색체가 염색분
체로 분리되고 DNA양만 절반으로 줄어듦.

감수1분열 전기에서 교차가 일어남.

선인장

2장

생화학,
유전학,
면역학,

오늘은 무슨 생각을 하고 계신가요

세포호흡?

\+

미니 발전소를 가동하면?-세포호흡

우리 몸은 살아있는 동안 끊임없이 움직여야 합니다. 숨 쉬고, 생각하고, 밥 먹고, 운동하고… 이 모든 활동에는 에너지가 필요합니다. 세포 호흡은 바로 우리 몸의 에너지 발전소에서 이 에너지를 만들어내는 과정입니다.

세포 호흡을 하는 이유는 딱 하나입니다. 우리 몸이 사용할 수 있는 에너지 화폐인 ATP를 만들기 위해서입니다. ATP는 마치 우리 지갑 속 현금이나 신용카드처럼, 호흡, 근육 운동, 소화 운동 등 생존에 필요한 모든 활동에 쓰이는 만능 결제 수단이라고 생각하면 됩니다.

이 중요한 에너지 발전소는 바로 우리 세포 속에 있는 미토콘드리아라는 곳입니다. 미토콘드리아는 마치 미니 발전소처럼 생겼는데, 이중 막으로 둘러싸여 있고 단면으로 보면 핫도그처럼 생겼습니다. 이 작은 발전소 안에서 포도당이라는 연료를 태워 엄청난 에너지를 생산합니다.

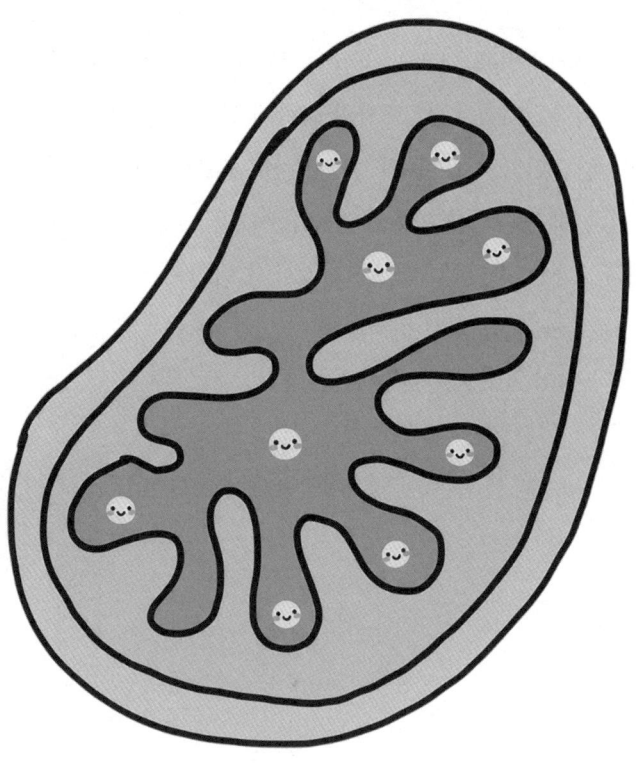

그럼 이 미니 발전소가 어떻게 에너지를 만드는지, 그 과정을 한번 봅시다. 생화학 시간처럼 분자 하나하나 따지면 머리가 아프니, 큰 그림과 중요한 생산물만 알아봅시다.

1단계: 설탕 분해 공장 (해당 과정)

이 과정은 세포의 바깥쪽, 즉 세포질이라는 곳에서 시작됩니다. 마치 도시의 외곽에 있는 설탕 분해 공장 같습니다. 우리 몸의 주 연료인 포도당이라는 커다란 설탕 덩어리를 피루브산이라는 작은 설탕 조각 2개로 쪼개는 작업입니다. 이 과정에서 약간의 현금(ATP 2개)과, 나중에 더 큰 에너지를 만들 수 있는 충전된 배터리(NADH 2개)가 생깁니다.

해당과정 최종산물 : 2개의 ATP, 2개의 NADH

2단계: 발전소 게이트 통과 (피루브산 산화)

이제 피루브산 조각 2개가 미토콘드리아라는 발전소의 입구로 들어갑니다. 발전소 안에서 이 피루브산 조각들은 아세틸 CoA라는 더 작은 에너지 단위로 변환됩니다. 마치 발전소에서 사용하기 좋게 연료를 가공하는 과정과 같습니다. 이때도 추가로 충전된 배터리(NADH 2개)가 생기고, 이산화탄소라는 부산물이 나옵니다.

피루브산 산화 최종산물 : 2개의 NADH, 이산화탄소

3단계: 순환 생산 라인 (시트르산 회로, TCA 회로)

아세틸 CoA가 발전소 안의 시트르산 회로라는 복잡한 순환 생산 라인으로 들어갑니다. 마치 컨베이어 벨트가 계속 돌아가면서 여러 제품을 만들어내는 공장 같습니다. 이 라인을 한 바퀴 돌 때마다 엄청나게 많은 충전된 배터리들(NADH 6개, FADH2 2개)과 약

간의 현금(ATP 2개)이 쏟아져 나옵니다. 이 배터리들이 진짜 중요한 에너지원입니다.

TCA 회로 최종산물 : 2개의 ATP, 6개의 NADH, 2개의 FADH2

4단계: 최종 에너지 발전기 (산화적 인산화)

이제 해당 과정, 피루브산 산화, 시트르산 회로를 거쳐 모인 모든 충전된 배터리들(NADH와 FADH2)이 미토콘드리아 안쪽 막에 있는 최종 에너지 발전기로 향합니다. 이 발전기에서는 배터리 속 전자를 릴레이처럼 전달하면서 엄청난 양의 수소 이온이라는 물을 미토콘드리아 막 사이 공간으로 퍼 올립니다. 마치 댐에 물을 가득 채우는 것 같습니다. 이렇게 막 사이 공간에 수소 이온(물)이 가득 차면, 이 물이 ATP 구동 펌프라는 거대한 터빈을 통해 다시 쏟아져 내려오면서 엄청난 힘으로 ATP라는 전기를 대량 생산합니다. 결과적으로 NADH 1개당 2.5 ATP, FADH2 1개당 1.5 ATP가 만들어집니다.

포도당 한 덩어리를 완전히 태우면, 우리 몸은 총 32개의 ATP라는 엄청난 양의 에너지 화폐를 얻을 수 있습니다. 세포 호흡 과정이 조금 복잡하게 느껴질 수도 있지만, 지금은 완벽히 이해하기보다는 '포도당으로 우리 몸의 발전소에서 에너지를 만드는 과정이구나!' 하고 큰 그림만 이해해도 충분합니다.

 포도당 한 개 최종산물 : 32개의 ATP

〈정리〉

세포호흡 = 미토콘드리아라는 에너지 발전소에서 에
　　　　 너지를 만들어내는 과정

ATP = 에너지 화폐, 만능 결제 수단

NADH = 충전된 배터리

미토콘드리아 = 미니 발전소

1단계 = 해당과정은 설탕분해공장

2단계 = 피루브산 산화 과정은 발전소 게이트 통과 과정

3단계 = 시트르산 회로, TCA 회로 과정은 순환 생산
　　　　 라인 돌아가는 과정

4단계 = 산화적인산화, 최종 에너지 발전기 단계 ; 댐
　　　　 에서 물을 퍼올리고 쏟아져 내리면서 전기를
　　　　 생산하는 듯한 과정

오늘은 무슨 생각을 하고 계신가요

광합성?

\+

식물의 태양열 식량 공장-광합성

우리 몸이 에너지를 만들기 위해 포도당을 태운다면, 식물은 어떻게 포도당을 만들까? 바로 광합성이라는 마법 같은 과정으로 스스로 식량을 만들어냅니다. 광합성은 식물 속에 있는 태양열 식량 공장인 엽록체에서 일어나.

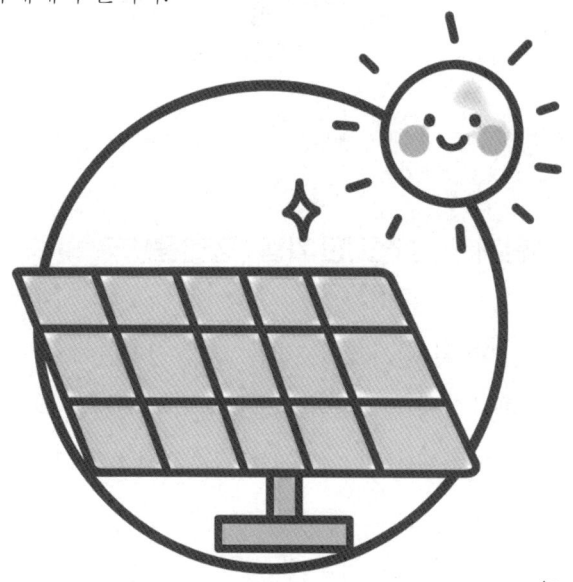

엽록체는 마치 이중벽으로 둘러싸인 거대한 태양열 식량 공장 같습니다. 이 공장 안에는 틸라코이드라는 작은 태양 전지판들이 겹겹이 쌓여 있는 그라나라는 태양광 발전 타워들이 있습니다.

광합성은 크게 두 단계로 나눌 수 있습니다.

1단계: 태양 전지판 가동 (명반응)

이 과정은 틸라코이드라는 태양 전지판에서 일어나. 마치 태양 전지판이 햇빛을 받아서 전기를 생산하듯이, 엽록체는 빛 에너지를 흡수해서 ATP(전기)와

NADPH(충전된 배터리)를 만들어냅니다. 그리고 이때 산소가 부산물로 나옵니다. 이 산소가 바로 우리가 숨 쉬는 데 필요한 산소입니다.

2단계: 식량 생산 라인 (암반응 또는 캘빈 회로)

이제 태양 전지판에서 만들어진 전기(ATP)와 충전된 배터리(NADPH)를 가지고, 공장의 내부 공간인 엽록체 내강에서 본격적인 식량 생산에 들어갑니다. 이 과정은 캘빈 회로라는 순환 생산 라인을 통해 이루어집니다. 마치 공장에서 전기를 사용해서 원재료(이산화탄소)를 가지고 맛있는 빵(포도당)을 구워내듯이, 식물은 이산화탄소와 물을 원료로 사용해서 포도당이라는 자신만의 식량을 만들어내는 겁니다.

　모든 식물이 똑같이 광합성을 하는 건 아닙니다. 특히 덥고 건조한 환경에 사는 식물들은 광호흡이라는 비효율적인 과정 때문에 광합성 효율이 떨어지기도 합니다. 광호흡은 마치 식량 공장이 원료(이산화탄소) 대신 공기 중의 산소를 실수로 가져다 써서 생산 효율이 떨어지는 것과 같습니다.

C4 식물 (옥수수, 수수, 사탕수수): 공간 분리 전략

이 식물들은 고온에서도 잘 살기 위해 공간 분리 전략을 사용합니다. 마치 공장 안에 특별한 재료 처리실을 따로 만들어서, 뜨거운 날씨에도 이산화탄소를 효율적으로 붙잡아 포도당을 합성하는 겁니다.

CAM 식물 (선인장): 시간 분리 전략

건조한 환경에서 사는 선인장 같은 식물들은 시간 분리 전략을 씁니다. 마치 야간 작업반을 운영해서, 낮에는 뜨거워서 기공을 닫고 있다가, 시원한 밤에 이산화탄소를 미리 저장해두고 낮에는 저장된 이산화탄소로 광합성을 하는 겁니다.

〈정리〉

엽록체 = 이중벽으로 둘러싸인 거대한 태양열 식량 공장

틸라코이드 = 작은 태양 전지판

그라나 = 태양광 발전 타워

ATP = 태양 전지판의 전기

NADPH = 충전된 배터리

캘빈 회로 = 순환 생산 라인

이산화 탄소 = 원재료

포도당 = 빵

오늘은 무슨 생각을 하고 계신가요

우리의 유전자는 어떻게 유전될까요?

+

우리의 유전자는 어떻게 유전될까요?

"난 밥 잘 먹는 유전자를 타고난 거 같아!" 할 때, 그 '유전자'는 대체 뭘 말하는 걸까요?

유전자는 마치 우리 몸을 만드는 정교한 건축 설계도인 DNA 속에 숨겨진 특정 기능을 가진 작은 설계 지침이라고 생각하면 됩니다.

이 설계 지침(유전자)들이 모여서 우리 몸의 모든 특징과 기능을 결정하는 겁니다.

DNA는 뉴클레오타이드라는 작은 레고 블록들이 줄줄이 이어진 긴 사슬입니다. 이 레고 블록은 인산, 당, 그리고 염기라는 특별한 표식으로 이루어져 있습니다. 염기에는 A(아데닌), G(구아닌), C(사이토신), T(티민), U(유라실) 이렇게 다섯 가지 글자가 있는데, DNA는 A, G, C, T를, RNA는 A, G, C, U를 사용합니다. 이 레고 블록들이 서로 손을 잡고 길게 이어지면서 염기들이 줄줄이 늘어서게 되는데, 이 염기들의 순서, 즉 염기 서열이 바로 유전자라고 보면 됩니다.

그럼 이 설계 지침들이 우리 몸에서 어떻게 작동할까요? 우리 몸의 핵 안에는 DNA가 염색질이라는 실타래 형태로 뭉쳐서 보관되어 있습니다. DNA는 훼손되면 안 되기 때문에, 필요할 때마다 복사본을 만들어서 사용합니다.

DNA는 필요에 따라 복제되기도 하고, 전사라는 과정을 거치기도 합니다. 세포가 자라거나 낡은 세포를 교체하기 위해 똑같은 세포를 만들 때는 DNA 전체를 복사해서 염색체의 형태로 응축시킨 후 세포 분열이라는 자기 복제를 합니다.

하지만 유전자 발현에 초점을 맞춰보면, DNA는 핵 안에서 전사라는 과정을 통해 RNA라는 임시 복사본 또는 메신저를 만들어냅니다.

이 RNA 메신저는 핵의 통로인 핵공을 통해 세포의 공장 지대인 세포질로 이동합니다. 그리고 세포질에서는 리보솜이라는 번역 기계가 RNA 메신저의 지시를 읽어 들여, 단백질이라는 실제 일꾼들을 만들어냅니다. 이 단백질 일꾼들은 우리 몸에서 호르몬, 항체, 효소 등 다양한 기능을 수행합니다.

결국, DNA라는 마스터 설계도가 RNA라는 메신저를 통해 단백질이라는 일꾼을 만들어내고, 이 일꾼들이 우리 몸을 만들고 움직이는 겁니다.

그럼 이렇게 중요한 유전자는 어떻게 다음 세대로 전달될까? 우리 몸에는 총 46개의 염색체가 있는데, 이는 마치 23쌍의 유전 백과사전 같습니다.

이 백과사전 중 한 권은 아버지에게서, 다른 한 권은 어머니에게서 물려받은 것입니다. 남자의 정자와 여자의 난자는 감수 분열이라는 특별한 과정을 통해 이 백과사전의 절반(23개 염색체)만 가지고 태어납니다. 그리고 남녀의 성관계를 통해 정자와 난자가 만나 수정되면, 아버지의 백과사전 절반과 어머니의 백과사전 절반이 합쳐져 새로운 46개의 염색체를 가진 한 사람이 탄생하는 겁니다. 그래서 누가 "너는 엄마를 닮았어? 아빠를 닮았어?"라고 물어본다면, "나는 엄마 아빠 반반씩 닮았어!"라고 답변하는 게 정답입니다. 이렇게 유전자들이 매번 섞이면서 유전적 다양성이라는 새로운 조합이 만들어지고, 세상의 모든 사람이 고유한 특징을 가지게 됩니다.

유전자가 어떻게 발현되고 유전되는지 대략적으로 이해했나요? 그럼 이제 우리를 괴롭혔던 코로나19에 대해 좀 더 알아보겠습니다.

〈정리〉

유전자 = 정교한 건축 설계도

DNA = 특정 기능을 가진 작은 설계 지침

뉴클레오타이드 = 레고 블록

오늘은 무슨 생각을 하고 계신가요

코르나 바이러스?

+

왕관 모양의 작은 악당
- 코로나바이러스

코로나바이러스는 마치 왕관 모양의 작은 악당처럼
생겼습니다.

이 악당의 몸속에는 RNA라는 핵심 지령서가 들어 있고, 이 지령서는 N단백질이라는 보호막으로 꽁꽁 싸매어 있습니다. 바이러스의 가장 바깥쪽 막은 E(Envelope) 단백질과 M(Membrane) 단백질로 구성되어 있습니다. 그리고 코로나바이러스의 가장 특징적인 부분은 바이러스 표면에 삐죽삐죽 튀어나온 S(Spike) 단백질입니다. 이 스파이크 단백질은 숙주 세포의 문을 여는 열쇠 같아서 이 열쇠 모양 때문에 바이러스가 왕관처럼 보여 라틴어로 왕관인 코로나라는 이름을 붙였습니다.

코로나19를 진단하는 방법에는 크게 두 가지가 있습니다. PCR 검사(유전자 증폭 검사)는 초정밀 탐정과 같습니다.

바이러스의 유전물질(RNA)이라는 아주 작은 흔적을 찾아내서 그 흔적을 수십억 배로 증폭시켜 바이러스의 존재를 확인하는 방법입니다. 콧속이나 목구멍에서 면봉으로 검체를 채취하는데 바이러스 유전 물질이 아주 조금만 있어도 찾아낼 수 있어서 초기 감염이나 무증상 감염자도 비교적 잘 찾아낼 수 있는

정확도가 높은 검사입니다.

두 번째 진단 방법은 항원 검사(신속 진단 키트)가 있습니다. 항원 검사는 빠른 현장 검사관과 같습니다. 바이러스 자체에 있는 특정 단백질이라는 지문을 직접 찾아내는 방법입니다. PCR 검사와 유사하게 콧속이나 목구멍에서 검체를 채취합니다. 우리가 약국에서 쉽게 구할 수 있는 자가 검사 키트가 이 항원 검사 방식입니다. PCR 검사보다는 민감도가 조금 낮아서 바이러스 양이 적을 때는 음성으로 나올 수 있지만 결과가 빨리 나온다는 장점이 있습니다.

만약 열이 나고 기침이 심하며 숨쉬기 어려운 증상이 있다면 코로나19를 의심해 봐야 합니다. 사람들과의 접촉을 줄이고 마스크를 쓰는 것이 중요합니다. 그리고 병원에 가서 코로나 검사를 받고, 최근에 만났던 사람들에게도 알려주는 게 좋습니다. 코로나19에 대한 지침은 상황에 따라 조금씩 달라질 수 있으니, 항상 가장 최신의 보건 당국 지침을 확인하는 것도 잊지 마세요!

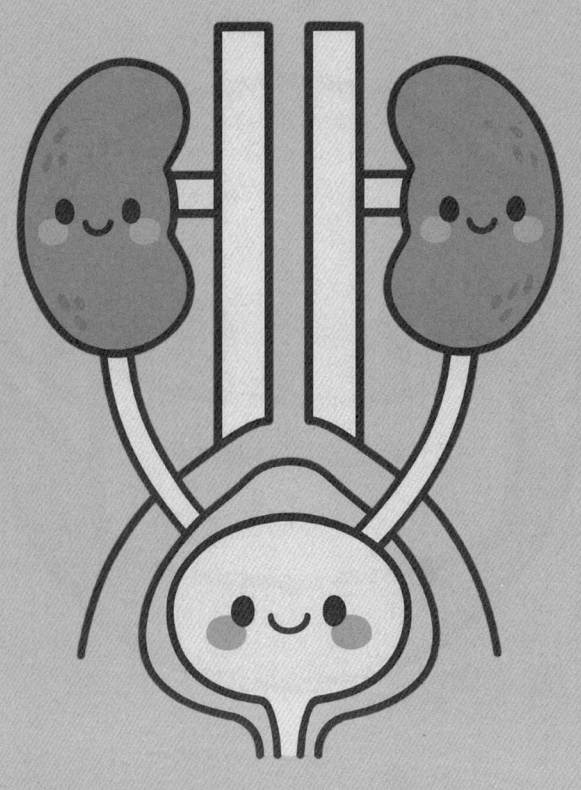

3장

인체생리학

오늘은 무슨 생각을 하고 계신가요

여성과 남성의 생식에 대해 알려줘

+

여성과 남성의 생식에 대해 알아보자!
- We were born to 생명 협업 프로젝트

생명이 어떻게 시작되냐고요? 그건 바로 남성과 여성의 몸속에서 펼쳐지는, 세상에 둘도 없는 초특급 협업 프로젝트 덕분이라고 할 수 있어요. 마치 새로운 건물을 짓기 위해 각자 다른, 하지만 없어서는 안 될 중요한 재료들을 준비하는 것과 똑같아요.

남성의 몸속에는 정자라는 작고도 강력한 생명의 씨앗이 쉴 새 없이 만들어져요. 이 정자는 마치 새로운 생명이라는 거대한 퍼즐을 맞출 유일한 황금 열쇠 같아서, 혼자서는 아무것도 할 수 없고 반드시 짝을 찾아야만 비로소 그 잠재력을 터뜨릴 수 있어요.

이 정자는 고환이라는 이름의 최첨단 씨앗 공장에서 밤낮없이 끊임없이 생산돼요. 이 과정은 정자 형성(Spermatogenesis)이라고 부르는데, 단순한 세포가 아니라 유전 정보를 절반씩 나눠 가진 특별한 세포로 변신하는 대장정이에요. 고환 속의 세르톨리 세포는 정자들이 잘 자라도록 영양분과 환경을 제공하고, 라이디히 세포는 남성 호르몬인 테스토스테론을 분비하며 이 모든 과정을 지휘해요.

이렇게 만들어진 정자들은 테스토스테론이라는 강력한 지휘자 호르몬의 지휘 아래, 마치 올림픽 출전을 앞둔 선수들처럼 활발하게 움직일 준비를 해요. 수천만, 수억 개의 정자들이 동시에 에너지를 충전하고, 꼬리를 흔들며 헤엄칠 준비를 마치는 거죠. 정자는 단순히 정자만 있는 게 아니에요. 정낭과 전립선 등에서 분비되는 액체와 섞여 정액이라는 형태로 배출되는데, 이 정액은 정자들이 여성의 몸속에서 살아남고 이동하는 데 필요한 모든 것을 제공하는 슈퍼 부스터 역할을 해요. 여기엔 정자의 에너지원인 과당, 여성 생식기 내에서 정자의 이동을 돕는 프로스타글란딘, 그리고 정자를 보호하는 다양한 물질들이 포함되어 있어요. 그야말로 정자들의 생존 키트이자 이동 수단인 셈이죠.

여성의 몸속에는 난자라는 생명의 밭이 아주 섬세하고 따뜻하게 준비돼 있어요.

이 난자는 정자라는 황금 열쇠가 딱 들어맞는 생명의 자물쇠이자, 새로운 생명이 자라날 가장 아늑하고 안전한 따뜻한 요람이기도 해요. 난자는 난소라는 이름의 밭 관리소에서 태어나요. 태어날 때부터 이미 수많은 원시 난포를 가지고 있지만, 사춘기 이후부터 한 달에 한 번씩 오직 하나의 난자만이 성숙하는 과정을 거쳐요. 이 과정은 난포 발달(Folliculogenesis)이라고 하는데, 난포는 난자를 보호하고 영양을 공급하며 성숙을 돕는 주머니 같은 구조예요.

이 난포의 성숙과 배란, 그리고 자궁의 준비는 에스트로겐과 프로게스테론이라는 준비 호르몬들의 섬세한 조율 아래 이루어져요. 난포 자극 호르몬(FSH)이 난포를 성장시키고, 황체 형성 호르몬(LH)이 성숙한 난자를 난소 밖으로 내보내는 배란을 유도해요.

 에스트로겐은 배란 전에 자궁 내막을 두껍게 만들고, 배란 후에는 황체에서 분비되는 프로게스테론이 자궁 내막을 더욱 폭신하고 따뜻하게 만들어, 아기가 편안하게 지낼 수 있는 최적의 요람 상태로 변신시켜요. 이 모든 과정이 월경 주기인데, 마치 매달 생명의 밭을 갈고 씨앗을 맞을 준비를 하는 것과 같아요. 준비가 안 되면 다음 기회를 기다리는 거죠.

 만약 이 수많은 정자 열쇠 중 단 하나의 열쇠가 난자 자물쇠와 수정이라는 마법 같은 만남을 가지게 되면, 둘이 합쳐져 새로운 생명이라는 작은 불꽃이 튀게 돼요. 이건 정말 기적 같은 일이에요!

〈정리〉

성관계 = 생명 협업 프로젝트

정자 = 황금 열쇠, 올림픽 출전을 앞둔 선수들

고환 = 최첨단 씨앗 공장

테스토스테론 = 지휘자

정액 = 슈퍼 부스터

난자 = 생명의 밭, 생명의 자물쇠, 아늑하고 안전한 따
　　　뜻한 요람

난소 = 밭 관리소

난포 자극 호르몬 (FSH) : 난포를 성장시킴

황체 형성 호르몬 (LH) : 성숙한 난자를 난소 밖으로
　　　　　　　　　　내보내는 배란 유도

에스트로겐 : 배란 전에 자궁 내막을 두껍게 만듦

프로게스테론 : 배란 후에 황체에서 분비되어 자궁 내
　　　　　　막을 더욱 폭신하게 만듦

월경주기 = 생명의 밭을 갈고 씨앗을 맞을 준비를 하
　　　　는 것

수정 = 정자의 열쇠가 난자의 자물쇠와 채워져서 새로
　　　운 생명이라는 작은 불꽃이 튀는 과정

남성의 몸에서 배출된 수억 개의 정자들은 여성의
질, 자궁 경부, 자궁을 거쳐 난관(나팔관)까지 이어지
는 험난한 여정을 시작해요.

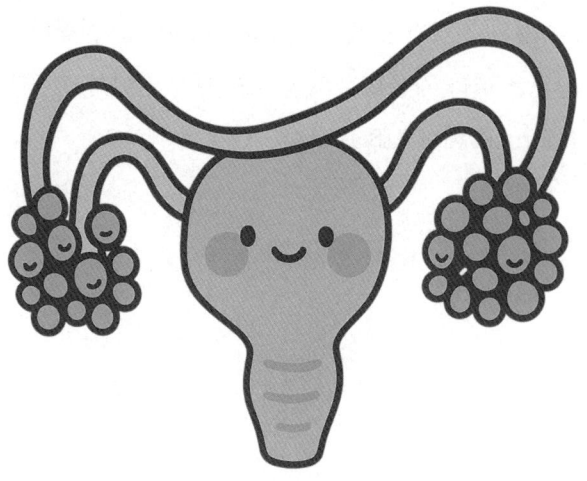

이 과정에서 여성의 면역 반응, 산성 환경 등 수많
은 난관을 뚫고 살아남는 정자는 극히 일부에 불과해
요. 마침내 난관에서 난자와 만난 정자들은 난자의 단
단한 막을 뚫고 들어가기 위해 첨체 반응(Acrosome
Reaction)이라는 특별한 능력을 발휘해요. 단 하나의
정자만이 난자 안으로 진입할 수 있고, 그 순간 난자는
다른 정자의 침입을 막는 방어막을 형성해요. 정자의
핵과 난자의 핵이 융합하는 순간, 수정이 완료되고 접

합자(Zygote)라는 단 하나의 세포가 탄생해요. 이 세포 안에는 엄마와 아빠로부터 물려받은 모든 유전 정보가 담겨, 미래의 아기를 위한 설계도가 완성되는 거죠.

수정된 접합자는 세포 분열(Cleavage)을 시작하며 난관을 따라 자궁으로 이동해요. 이 과정에서 상실배(Morula), 배반포(Blastocyst) 단계를 거쳐요.

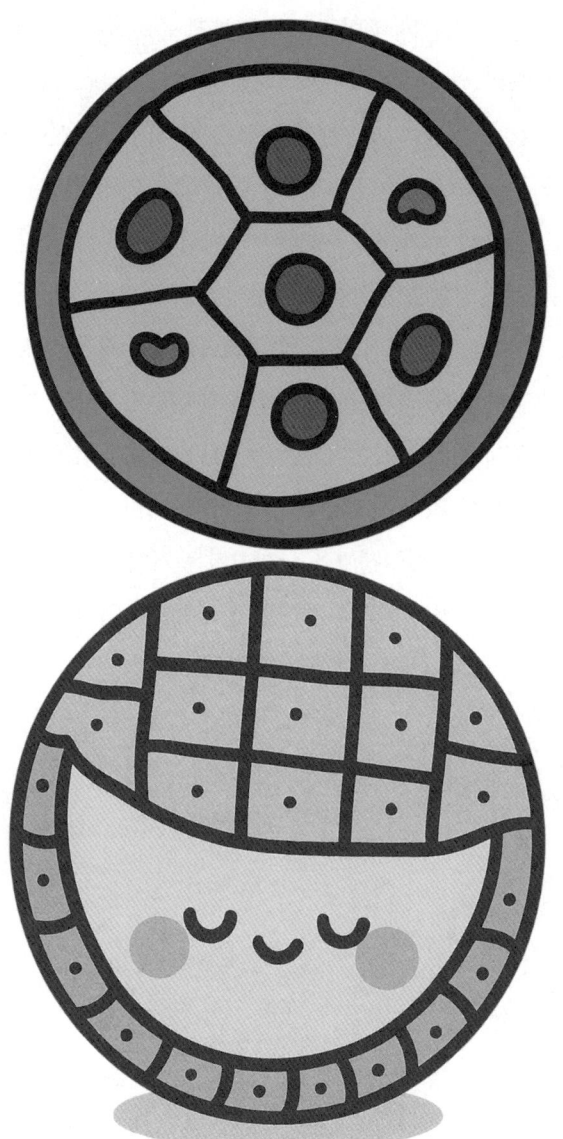

자궁에 도착한 배반포는 따뜻하게 준비된 자궁 내막에 마치 씨앗이 밭에 뿌리 내리듯 착상(Implantation)해요. 이 착상이 성공해야 비로소 본격적인 임신이 시작되는 거예요. 자궁 내막에 단단히 자리 잡은 이 작은 불꽃은 마치 작은 씨앗이 밭에서 무럭무럭 자라나듯, 세포 분열과 분화를 거듭하며 배아(Embryo)와 태아(Fetus)로 성장하게 돼요. 엄마의 몸은 이 작은 생명을 위해 영양분과 보호를 아낌없이 제공하며, 탯줄과 태반을 통해 생명을 이어가게 하는 거죠. 이렇게 남성과 여성의 몸이 각자의 역할을 완벽하게, 그리고 신비롭게 수행하며 새로운 생명을 탄생시키는 거예요. 정말이지, 이 모든 과정이 너무나 경이롭고 신비롭지 않나요?

오늘은 무슨 생각을 하고 계신가요

우리 몸속에서 신호는 어떻게 전달될까요?

+

우리 몸속에서 신호는 어떻게 전달될까요?

독자님, 우리 몸은 정말 신기하게도 셀 수 없이 많은 세포들로 이루어진 거대한 스마트 도시 같답니다!

이 도시가 제대로 잘 돌아가려면, 모든 부서와 시민들이 서로 쉴 새 없이 소통하며 중요한 정보들을 주고받아야 하잖아요?

우리 몸속의 신호 전달 시스템은 바로 이런 정보 통신망 역할을 톡톡히 해낸답니다.

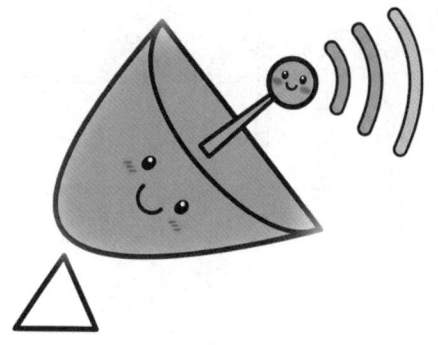

가장 기본적으로, 우리 몸의 세포들은 서로 귓속말을 주고받듯이 아주 섬세하게 신호를 전달해요. 이건 바로 세포 신호 전달계가 하는 일인데요. 특정 물질(우리가 리간드라고 부르는)이 세포 표면에 있는 수신기(이걸 수용체라고 해요)에 딱 달라붙으면, 마치 열쇠가 자물쇠를 열듯이 세포 안에서 다양한 연쇄 반응이 줄줄이 일어나기 시작해요. 이 수용체들 중에서도 우리 몸에서 가장 흔하고 중요한 'GPCR(G-protein coupled receptor)'이라는 친구가 있는데, 이름처럼 G 단백질이라는 특별한 친구와 짝꿍이랍니다.

예를 들어, 우리가 어떤 냄새를 맡을 때를 생각해 볼까요? 코안의 후각 신경 세포 표면에는 수많은 종류의 GPCR(후각 수용체)들이 있어요.

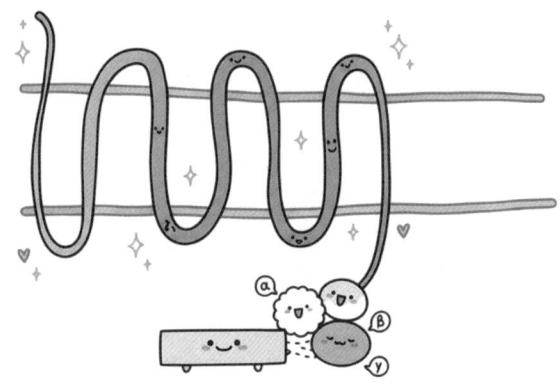

공기 중에 떠다니는 냄새 분자(리간드)가 이 후각 수용체에 딱 달라붙으면, 마치 "왔구나!" 하고 GPCR이 모양을 살짝 바꿔요. 그러면 GPCR 옆에 붙어있던 G 단백질이 "오케이!" 하고 활성화되면서 GPCR에서 떨어져 나와요. 이 활성화된 G 단백질은 세포 안을 돌아다니다가 아데닐릴 고리화 효소(adenylyl cyclase)라는 또 다른 친구를 작동시키죠. 아데닐릴 고리화 효소는 ATP라는 에너지를 고리형 AMP(cAMP)라는 2차 신호 전달 물질로 바꿔요. 이 CAMP가 바로 이 신호의 핵심 메신저 역할을 하는 거예요. CAMP가 많아지면 세포 안에 있는 특정 이온 채널이 활짝 열리면서 세포 안에 전기적인 변화가 일어나고, 이 변화가 뇌로 전달되어 우리가 '아, 이 냄새는 꽃향기구나!' 하고 냄새를 맡게 되는 거랍니다. 이렇게 GPCR은 외부의 작은 신호를 세포 안으로 전달해서 우리가 세상을 느끼고 반응하도록 돕는 아주 중요한 역할을 한답니다.

정말 신기하고 똑똑한 소통 방식이지 않나요? 이 반응이 바로 세포 신호 전달인데, 세포들이 서로의 상태를 알리고, 또 필요한 경우엔 함께 움직이도록 지시하는 아주 기본적인 소통 방식이랍니다. 이 귓속말 덕분에 세포들은 각자의 자리에서 자기 할 일을 정확히 수행하며 도시를 건강하게 유지할 수 있는 거죠.

우리 몸에는 정말 상상 초월의 초고속 인터넷망 같은 신경계가 깔려 있어요.

이 망의 중앙 서버는 바로 우리의 뇌와 척수인데, 뇌는 모든 정보의 총집합소이자 지휘 본부이고, 척수는 뇌와 온몸을 연결하는 메인 통신선 역할을 하죠. 이 중앙 서버에서부터 온몸 구석구석, 발가락 끝부터 머리카락 한 올까지 마치 광케이블처럼 촘촘하게 깔린 게 바로 신경이랍니다. 이 신경들은 그냥 전선이 아니라, 뉴런이라는 특별한 세포들로 이루어져 있는데, 이 뉴런들이 전기 신호를 번개처럼 빠르게 전달하는 마법을 부린답니다.

예를 들어볼까요?

요리하다가 실수로 뜨거운 냄비에 손가락이 닿았다고 상상해 봐요. '앗 뜨거!' 하고 소리 지르기도 전에 손이 저절로 떼어지죠? 이게 바로 이 초고속망 덕분이에요. 손가락 피부에 있는 감각 신경이 뜨거운 자극을 감지하는 순간, 그 정보는 순식간에 전기 신호로 바뀌어서 척수를 거쳐 뇌로 '따다닥!' 하고 전달돼요.

뇌는 이 정보를 찰나의 순간에 "위험해! 손 떼!"라는 명령으로 바꾸고, 이 명령은 다시 전기 신호가 되어 운동 신경을 통해 손가락 근육으로 '쫘악!' 하고 내려

가죠. 그러면 근육이 수축하면서 손이 저절로 떨어지는 거예요. 이 모든 과정이 눈 깜짝할 사이에 일어나는, 그야말로 초고속 반응인 거죠!

그럼 이 전기 신호가 뉴런과 뉴런 사이를 어떻게 건너갈까요? 뉴런들은 서로 딱 붙어있는 게 아니라 아주 미세한 틈, 즉 시냅스라는 공간으로 떨어져 있거든

요. 이때 등장하는 게 바로 신경 전달 물질이라는 작은 화학 메신저들이에요. 마치 전화 교환원처럼, 한 뉴런의 끝에서 전기 신호가 도착하면 이 신경 전달 물질들이 뿅! 하고 분비되어 시냅스 공간을 가로질러 다음 뉴런으로 헤엄쳐 간답니다.

다음 뉴런에 도착한 신경 전달 물질은 마치 열쇠가 자물쇠에 딱 맞는 것처럼 다음 뉴런의 특정 수용체에 결합하고, 그러면 다음 뉴런에서 다시 새로운 전기 신호가 찌릿! 하고 발생해서 메시지를 계속 이어가는 거죠. 아세틸콜린, 도파민, 세로토닌 같은 다양한 신경 전달 물질들이 각각 다른 메시지를 전달하면서 우리 몸의 움직임, 감정, 생각 등 모든 것을 조절한답니다.

이 복잡하고도 정교한 시스템 덕분에 우리 몸은 외부 자극에 순식간에 반응하고, 내부적으로도 모든 기관이 빠르고 정확하게 소통하며 완벽하게 작동할 수 있는 거예요.

우리 몸의 초고속 인터넷 같은 신경계가 순간적인 반응을 담당한다면, 내분비계는 조금 느리지만 훨씬 더 광범위하게 메시지를 전달하는 우편 시스템이나 방송국과 비슷하답니다.

이 시스템의 핵심은 바로 호르몬이라는 특별한 화학 메시지인데, 이 메시지들을 혈액이라는 우편 배달부에 실어 온몸 구석구석으로 보내는 방식이죠. 호르몬은 특정 내분비샘(예를 들면 췌장, 갑상선, 뇌하수체 등)에서 만들어져서 혈관으로 분비되고, 혈액을 타고 온몸을 여행하다가 자기 메시지를 알아들을 수 있는 특정 수신기(수용체)를 가진 세포들만 딱 알아보고 반응한답니다. 마치 라디오 방송을 틀면 특정 주파수에 맞춰진 라디오만 들을 수 있는 것처럼 말이에요.

　예를 들어볼까요? 독자님이 한창 성장할 시기에는 성장 호르몬이라는 메시지가 뇌하수체에서 분비되어 혈액을 타고 온몸을 돌아다녔을 거예요. 이 성장 호르몬은 뼈세포, 근육 세포, 그리고 다른 여러 조직의 세포들에게 "쑥쑥 자라라! 단백질을 만들고 세포 분열을 해!"라는 메시지를 전달했죠. 그래서 우리 몸이 키도 크고 덩치도 커지면서 성장할 수 있었던 거랍니다.

　또 다른 예시로, 맛있는 밥을 먹고 혈당이 올라가면 췌장에서는 인슐린이라는 호르몬이 분비돼요.

이 인슐린은 "포도당을 에너지로 쓰거나 저장해!"라는 메시지를 혈액을 통해 온몸의 세포들, 특히 근육 세포나 지방 세포에게 전달하죠. 그러면 세포들은 혈액 속의 포도당을 세포 안으로 흡수해서 에너지로 사용하거나 글리코겐이나 지방 형태로 저장하게 되고, 덕분에 혈당이 다시 정상 수준으로 조절된답니다.

이뿐만이 아니에요. 갑자기 무서운 상황에 처하거나 깜짝 놀랐을 때 심장이 쿵쾅거리고 손에 땀이 나는 경험해 본 적 있죠? 이건 부신이라는 곳에서 아드레날린이라는 호르몬이 분비되어 온몸으로 퍼지면서 일어나는 현상이에요. 아드레날린은 심장에는 "더 빨리 뛰어!"라는 메시지를, 근육에는 "에너지를 더 써서 도망갈 준비를 해!"라는 메시지를, 그리고 혈관에는 "피를 중요한 장기로 보내!"라는 메시지를 보내면서 우리 몸을 비상 상황에 대처할 수 있도록 준비시킨답니다.

이처럼 신경계가 1대1 전화 통화처럼 빠르고 즉각적인 반응을 담당한다면, 내분비계는 전국 동시 라디오 방송처럼 느리지만 광범위하게, 그리고 장기적으로 우리 몸의 성장, 물질대사, 감정, 생식 같은 중요한 변화들을 섬세하게 조절하는 역할을 한답니다.

우리 몸의 감각계는 정말 대단하답니다!
우리 몸이라는 스마트 도시의 감시 카메라이자 안테나 역할을 톡톡히 해내면서, 외부 세상과 우리 몸속의 모든 변화를 실시간으로 감지하고 중앙 서버인 뇌에 보고하거든요.

덕분에 우리는 세상을 느끼고, 또 우리 몸의 상태를 정확히 알 수 있는 거죠.

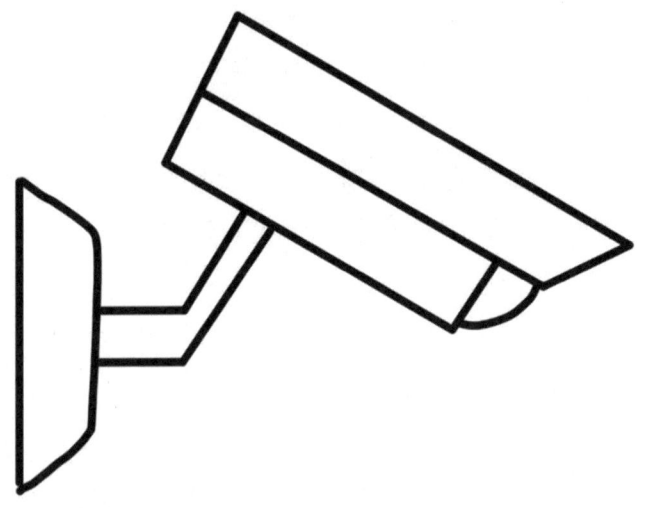

　예를 들어볼까요? 우리 눈은 세상의 빛이라는 정보
를 받아들이는 아주 정교한 카메라예요.

　빛이 눈으로 들어와 망막에 맺히면, 망막에 있는 수
많은 시각 세포들이 이 빛 에너지를 전기 신호로 바
꿔서 시신경을 통해 뇌로 보내요.

　뇌는 이 전기 신호들을 조합하고 분석해서 우리가
"와, 저기 예쁜 고양이가 지나가네!" 하고 인지하게
되는 거랍니다. 만약 눈이라는 카메라가 없다면, 우리
는 세상의 색깔이나 모양을 전혀 알 수 없겠죠?

우리 귀는 세상의 소리라는 안테나 역할을 해요. 공기 중의 미세한 진동, 즉 소리 파동이 귓속으로 들어와 고막을 울리고, 이 소리가 달팽이관이라는 곳에서 전기 신호로 변환돼요. 이 전기 신호가 청각 신경을 통해 뇌로 전달되면, 뇌는 이 신호를 해석해서 "어, 좋아하는 노래가 나오네!"라고 알아듣거나, 친구의 목소리를 구분해 낼 수 있게 된답니다.

또, 코는 냄새라는 화학 물질을 감지하는 화학 안테나예요. 공기 중에 떠다니는 아주 작은 냄새 분자들이 코안의 후각 수용체에 닿으면, 그 정보가 전기 신호로 바뀌어 뇌의 후각 중추로 전달돼요. 덕분에 우리는 "음~ 커피 향이 너무 좋다!" 하고 느끼거나, 상한 음식 냄새를 맡고 위험을 피할 수 있는 거죠. 혀도 마찬가

지예요. 음식 속의 맛 분자들이 혀의 미뢰에 닿으면, 그 맛 정보가 전기 신호로 변환되어 뇌로 가고, 뇌는 이걸 "달콤해!" "써!" "매워!" 하고 해석해 준답니다.

피부는 우리 몸 전체를 덮고 있는 거대한 촉각 센서예요. 피부에는 압력, 온도, 통증 등을 감지하는 수많은 감각 수용체들이 분포해 있어요. 예를 들어, 부드러운 이불에 몸을 뉘이면 피부의 감각 수용체들이 압력과 온도를 감지해서 "아, 포근하고 따뜻하다!"라는 전기 신호를 뇌로 보내고, 뇌는 이 신호를 편안함으로 인지하죠. 만약 날카로운 것에 찔리면 통증 수용체들이 활성화되어 즉시 뇌에 '위험 신호'를 보내서 우리가 손을 떼거나 조심하게 만든답니다.

이처럼 감각계는 외부 세상의 정보뿐만 아니라, 우리 몸 안의 변화도 놓치지 않고 감지해요. 배가 고프면 위장에서 보내는 신호가 뇌로 전달되어 꼬르륵 소리와 함께 배고픔을 느끼게 하고, 몸이 아프면 통증 신호가 뇌로 전달되어 아픔을 인지하게 되는 식이죠.

이렇게 눈, 귀, 코, 혀, 피부 등 우리 몸의 다양한 감시 카메라와 안테나들이 끊임없이 외부와 내부의 정보를 수집하고, 이 정보들을 모두 전기 신호라는 공통 언어로 바꿔서 신경계라는 초고속 통신망을 통해 뇌라는 중앙 서버로 보내요.

뇌는 이 모든 정보들을 실시간으로 분석하고 해석해서 우리가 세상을 인지하고, 반응하고, 또 우리 몸의 상태를 정확히 파악하며 살아갈 수 있도록 돕는답니다.

정말 놀랍고도 신비로운 우리 몸의 시스템이지 않나요?

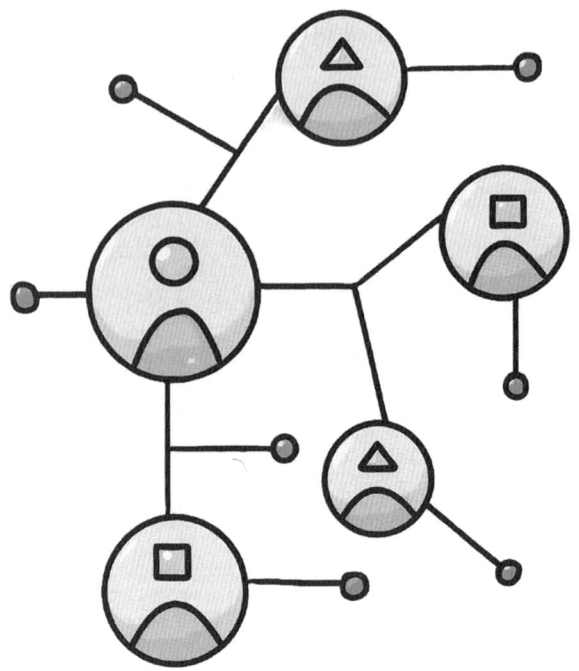

〈정리〉

세포 신호 전달계 = 정보 통신망

신경계 = 초고속 인터넷망

뇌와 척수 = 중앙 서버

뇌 = 모든 정보의 총집합소이자 지휘 본부

척수 = 뇌와 온몸을 연결하는 메인 통신선

신경 = 광케이블

시냅스 틈으로 방출되는 신경 전달 물질 = 작은 화학
메신저, 전화 교환원

내분비계 = 우편 시스템, 방송국

내분비샘이 혈관으로 분비되고 특정 수용체에 반응하
는 것 = 라디오 방송을 틀면 특정 주파수에 맞춰진 라
　　　디오만 들을 수 있는 것

감각계 = 우리 몸이라는 스마트 도시의 감시 카메라이
　　　자 안테나 역할

눈, 귀, 코, 혀, 피부 = 감시카메라, 안테나

오늘은 무슨 생각을 하고 계신가요

움직이고 숨 쉬고 먹고 싸고는
어떻게 하는 거예요?

\+   ⊙

움직이고 숨 쉬고 먹고 싸고

우리 몸은 정말 신기하게도 스스로 움직이고 청소하며 에너지를 생산하는 최첨단 자율 운영 빌딩 같답니다!

이 빌딩이 매일매일 아무 문제 없이 원활하게 돌아가기 위해서는 몇 가지 핵심적인 시스템들이 완벽하게 작동해야 하죠.

우리 몸은 정말 신기하게도 스스로 움직이고 반응하는 자동 장치들로 가득하답니다! 이걸 바로 효과기라고 부르는데, 우리 몸이 어떤 행동을 실제로 수행할 때 그 행동을 가능하게 하는 부분들이에요.

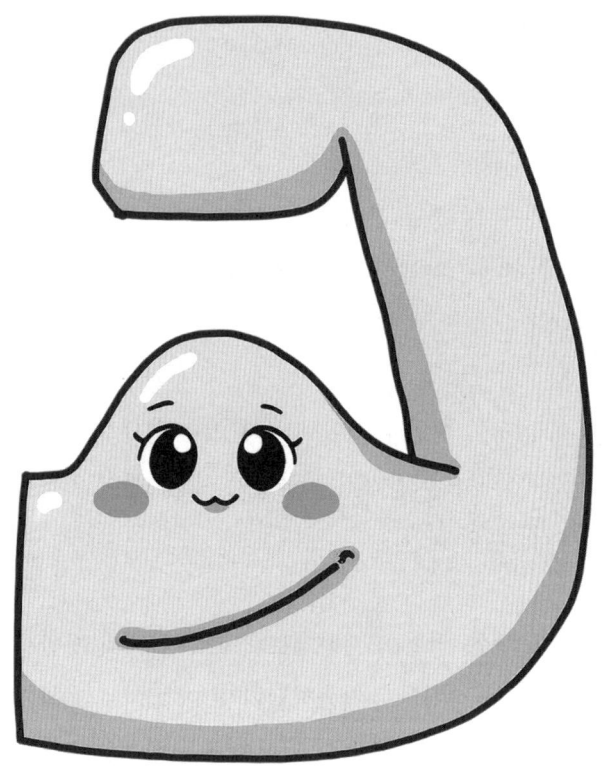

주로 근육은 몸을 움직이거나 내부 장기를 작동시키고, 샘(gland)은 침이나 호르몬 같은 다양한 물질을 분비하는 역할을 하죠.

이 효과기들은 신경계나 내분비계에서 보내는 지시에 따라 아주 정확하게 움직이는 충실한 일꾼들이랍니다.

예를 들어볼까요?

뇌에서 "팔을 들어!"라는 명령을 내리면, 팔에 있는 근육이라는 효과기가 즉시 수축하면서 팔을 위로 올리는 거예요. 이건 우리가 의식적으로 움직이는 근육의 예시이고요. 우리가 의식하지 못하는 사이에도 심장 근육은 끊임없이 수축과 이완을 반복하며 혈액을 온몸으로 펌프질하고, 위장 근육은 꿈틀거리면서 음식물을 소화시키고 아래로 내려보낸답니다.

또, 맛있는 치킨 냄새를 맡으면 침샘이라는 효과기에서 침이 콸콸 분비되는 것처럼, 우리 몸은 필요에 따라 다양한 물질들을 자동으로 만들어내기도 해요. 운동을 해서 몸이 더워지면 피부의 땀샘이라는 효과기가 땀을 분비해서 체온을 조절하고, 스트레스를 받으면 부신이라는 샘에서 아드레날린 같은 호르몬을

분비해서 몸을 비상 상황에 대비시키는 등, 이 효과
기들은 우리 몸이 외부 환경에 적응하고 내부 균형을
유지하는 데 없어서는 안 될 중요한 역할을 끊임없이
수행하고 있답니다.

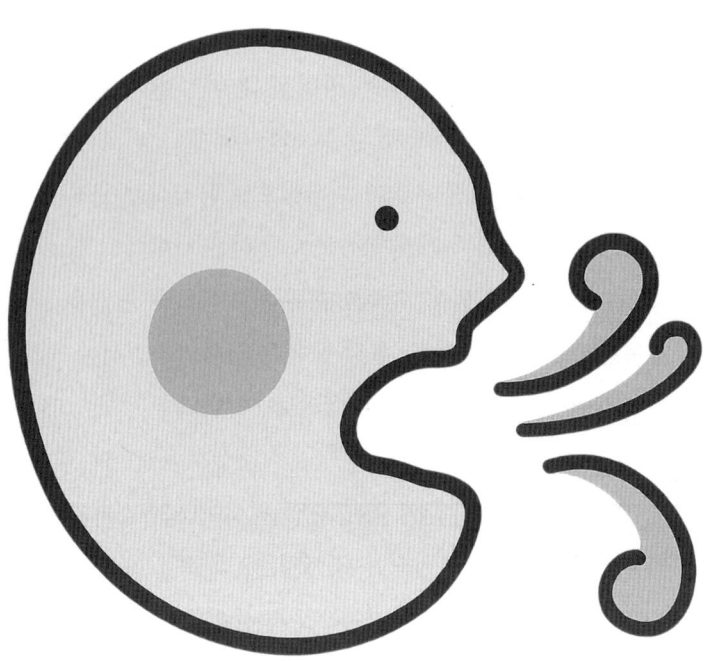

다음으로, 호흡계는 우리 몸 빌딩의 공기 정화 및 에너지 공급 시스템 같아요.

우리가 숨을 들이쉴 때, 횡격막이라는 근육이 아래로 움직이고 갈비뼈 사이의 근육들이 수축하면서 폐가 들어있는 흉강의 부피를 확 늘려줘요.

마치 진공청소기가 공기를 빨아들이듯이, 폐 안의 압력이 낮아지면서 외부의 신선한 공기(산소)가 코나 입을 통해 기관지, 세기관지를 거쳐 폐 속의 아주 작은 공기주머니인 폐포까지 쭈욱 빨려 들어온답니다.

이 폐포는 마치 포도송이처럼 수억 개가 모여 있는데, 그 벽이 정말 정말 얇고 주변에는 모세혈관이라는 아주 가는 혈관들이 촘촘하게 둘러싸고 있어요.

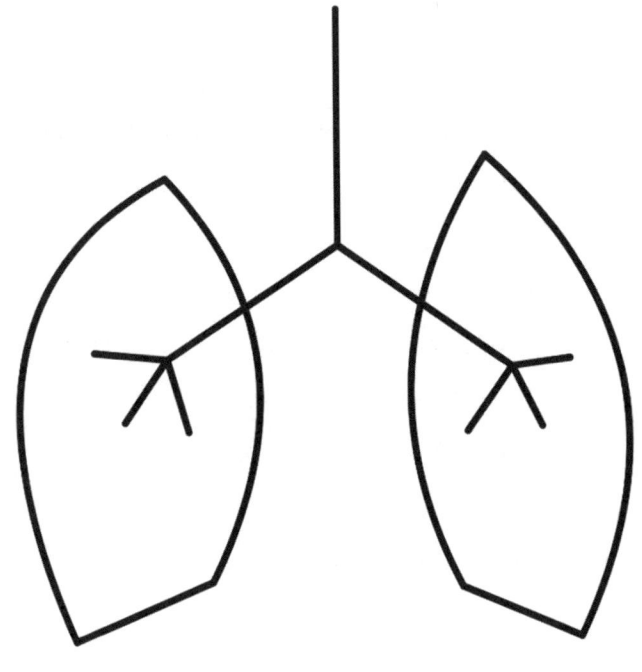

　여기가 바로 핵심이에요!

　폐포 안에는 우리가 들이마신 공기 속의 산소가 가
득하고, 폐포를 둘러싼 모세혈관 속을 흐르는 혈액에
는 우리 몸이 사용하고 생긴 노폐물인 이산화탄소가
잔뜩 들어있어요. 이때 확산이라는 똑똑한 원리가 작
동하는데요.

산소는 농도가 높은 폐포에서 낮은 혈액 속으로 스르륵 녹아들어 가고, 반대로 이산화탄소는 농도가 높은 혈액에서 낮은 폐포 안으로 스르륵 빠져나온답니다. 이렇게 혈액으로 들어간 산소는 적혈구 안에 있는 헤모글로빈이라는 산소 운반체에 딱 달라붙어, 혈액이라는 고속도로를 타고 온몸의 세포들로 빠르게 배달돼요.

세포에 도착한 산소는 세포 속의 발전소(미토콘드리아)로 들어가서, 우리가 음식으로 섭취한 포도당 같은 영양분과 결합하여 우리 몸이 살아가는 데 필요한 에너지(ATP)를 쉴 새 없이 만들어내는 아주 중요한 연료가 된답니다. 에너지를 만들고 나면 필연적으로 생기는 노폐물이 바로 이산화탄소인데, 이 이산화탄소는 다시 혈액 속으로 녹아들어 혈액이라는 운반체를 타고 폐로 돌아와요. 폐포에 도착한 이산화탄소는 다시 확산 원리에 따라 혈액에서 폐포 안으로 이동하고, 우리가 숨을 내쉴 때 몸 밖으로 후우~ 하고 배출되는 거죠. 마치 빌딩의 환기 시스템처럼 신선한 공기를 계속 공급하고 더러운 공기를 내보내는 과정이 우리가 살아있는 내내 끊임없이 반복되는 거랍니다. 정말 정교하고 놀랍지 않나요?

 세 번째로, 소화계는 우리 몸 빌딩의 음식 처리 공장이라고 할 수 있어요. 우리가 먹는 모든 음식은 이 공장으로 들어와서 우리 몸이 사용할 수 있는 영양분이라는 재료로 잘게 분해되고 흡수되는 과정을 거치는데, 그 시작은 바로 입이랍니다.

입에서는 음식물을 치아로 잘게 부수고(기계적 소화), 침샘에서 분비되는 침 속의 아밀레이스라는 효소가 탄수화물(녹말)을 작은 당으로 분해하기 시작해요(화학적 소화). 이렇게 잘게 부서지고 침과 섞인 음식물 덩어리는 식도라는 운반 통로를 통해 위로 이동하는데, 식도 벽의 근육들이 파도처럼 수축하고 이완하는 꿈틀 운동(연동 운동)을 통해 음식물을 아래로 밀어 넣어준답니다.

음식물이 도착하는 다음 장소는 위예요. 위는 음식물을 잘게 부수고 소독하는 강력한 분쇄기 같아요. 위벽의 근육들이 강력하게 수축하고 이완하면서 음식물을 물리적으로 으깨고 섞어주는 동시에(기계적 소화), 위샘에서 분비되는 위액이 중요한 역할을 해요. 위액 속의 염산(HCl)은 음식물에 섞여 들어온 세균들을 죽여 소독하고, 단백질을 변성시켜 소화 효소가 잘 작용하도록 도와줘요. 또한 펩신이라는 효소는 단백질을 더 작은 조각으로 분해하기 시작한답니다(화학적 소화). 이렇게 위에서 걸쭉한 죽처럼 변한 음식물은 유미즙이라고 불리며 소장으로 조금씩 이동해요.

이제 소화 과정의 하이라이트인 소장으로 넘어갈 시간이에요. 소장은 위에서 분쇄된 음식물에서 영양분을 쏙쏙 뽑아내는 최첨단 영양분 추출기이자 흡수 필터 역할을 한답니다. 소장에서는 간에서 만들어져 담낭에 저장된 쓸개즙(담즙)이 분비되어 지방 덩어리를 작은 입자로 쪼개서 소화 효소가 작용하기 좋게 만들어주고(지방의 유화), 췌장에서는 아밀레이스(탄수화물 분해), 리파아제(지방 분해), 트립신(단백질 분해) 등 강력한 소화 효소들이 분비되어 탄수화물, 단백질, 지방을 최종적으로 가장 작은 단위까지 분해해요. 소장 벽에서도 다양한 소화 효소들이 분비되어 이 과정을 돕는답니다. 이렇게 완전히 분해된 영양소들 (포도당, 아미노산, 지방산 등)은 소장 벽에 빽빽하게 돋아나 있는 융모라는 작은 돌기들을 통해 흡수되는데, 이 융모와 그 표면의 미세융모 덕분에 소장의 표면적이 엄청나게 넓어져서 영양분 흡수 효율이 극대화된답니다. 흡수된 영양소는 대부분 혈액으로 들어가 온몸으로 운반되고, 지방산 같은 일부는 림프관을 통해 이동해요.

　마지막으로, 영양분이 다 흡수되고 남은 찌꺼기는 대장으로 이동해요. 대장은 남은 찌꺼기에서 물을 흡수하고 찌꺼기를 모아 폐기물로 만드는 폐기물 압축기 역할을 한답니다. 대장에서는 소화 효소가 거의 분비되지 않고, 주로 물과 전해질이 흡수되며, 장내 미생물들이 남은 섬유질 등을 발효시키기도 해요. 이렇게 수분이 제거되고 압축된 찌꺼기는 대변이 되어 항문을 통해 몸 밖으로 배출된답니다. 이 모든 과정이 유기적으로 연결되어 우리 몸은 매일매일 필요한 영양분을 얻고 노폐물을 처리하며 건강하게 기능할 수 있는 거예요. 정말 놀랍지 않나요?

〈정리〉

1. 입

기계적 소화 : 치아로 잘게 부숨.

화학적 소화 : 침 속 아밀레이스가 탄수화물을 분해함.

2. 식도 : 연동 운동으로 음식물을 아래로 밀어줌.

3. 위 : 음식물을 잘게 부수고 소독하는 강력한 분쇄기

기계적소화 : 위벽의 근육들이 음식물을 물리적으로 으깸

HCl : 음식물에 섞여 들어온 세균들을 죽여 소독하고 단백질을 변성시켜 소화 효소가 잘 작용하도록 도와줌.

펩신 : 단백질을 더 작은 조각으로 분해하기 시작함.

유미즙이 소장으로 이동함.

4. 소장 : 영양분을 뽑아내는 영양분 추출기이자 흡수 필터

지방의 유화 : 간에서 만들어져 담낭에 저장된 쓸개즙이 분비되어 지방 덩어리를 작은 입자로 쪼갬

췌장에서 분비되는 소화효소 : 탄수화물을 분해하는 아밀레이스, 지방을 분해하는 리파아제, 단백질을 분해하는 트립신

융모로 흡수되고 수용성 영양소는 혈액으로 지용성 영양소는 림프관으로 흡수됨.

5. 대장 : 영양분이 다 흡수되고 남은 찌꺼기의 이동물과

전해질의 흡수, 장내 미생물들이 남은 섬유질 등을 발효

마지막으로, 배설계는 우리 몸 빌딩의 폐기물 처리 장이에요. 우리 몸은 활동하면서 에너지를 만들고 다양한 물질을 사용하는데, 이 과정에서 필연적으로 여러 노폐물이 생겨난답니다. 배설계는 이렇게 몸속에서 사용하고 남은 노폐물들을 깨끗하게 걸러내고 밖으로 배출하는 아주 중요한 역할을 수행하죠.

이 시스템의 핵심은 바로 신장(콩팥)이랍니다.

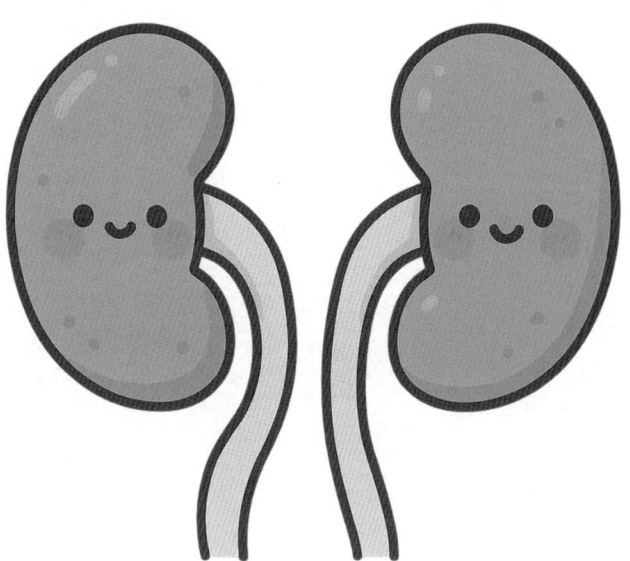

신장은 우리 몸의 정수기이자 혈액 필터 같아요. 우리 몸의 혈액은 심장에서 뿜어져 나와 온몸을 돌고 난 후, 하루에도 수십 번씩 신장으로 들어와 깨끗하게 정화돼요. 신장 안에는 네프론이라는 아주 작은 필터 단위가 백만 개 이상 있는데, 이 네프론에서 혈액 속의 노폐물을 걸러내는 복잡하고 정교한 과정이 일어난답니다.

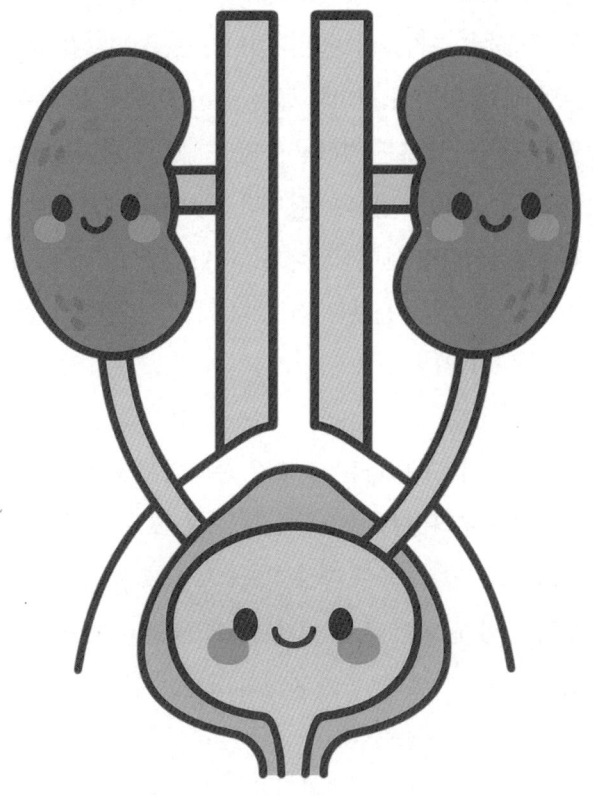

구체적으로 보면, 혈액이 신장의 사구체라는 미세한 혈관 덩어리로 들어오면, 압력 차이에 의해 혈액 속의 물, 염분, 포도당, 아미노산, 요소(단백질 대사 노폐물) 등 작은 분자들이 보먼주머니라는 곳으로 걸러져 나와요. 마치 커피 필터에 물을 붓는 것처럼, 큰 단백질이나 혈액 세포는 걸러지지 않고 혈액에 남아있죠.

이렇게 걸러진 액체를 원뇨라고 부르는데, 하루에 약 180리터나 만들어진답니다. 하지만 우리가 하루에 소변을 180리터나 보는 건 아니죠? 그 비밀은 다음 단계에 있어요.

원뇨는 세뇨관이라는 긴 관을 지나가는데, 이 세뇨관에서는 우리 몸에 필요한 물질들(물, 포도당, 아미노산, 필요한 염분 등)이 다시 혈액으로 재흡수된답니다. 우리 몸이 필요한 건 다시 가져가고, 불필요한 노폐물만 남겨두는 아주 똑똑한 과정이죠. 동시에, 혈액 속에 남아있던 일부 노폐물이나 약물 성분들은 세뇨관으로 분비되면서 소변으로 추가된답니다. 이렇게 재흡수와 분비 과정을 거치면서 원뇨는 농축되어 최종적으로 약 1~1.5리터의 소변이 만들어지는 거예요.

신장에서 만들어진 소변은 요관이라는 가는 관을 통해 방광으로 이동해요. 방광은 만들어진 소변을 일시적으로 저장하는 폐수 저장 탱크 역할을 한답니다. 방광에 소변이 일정량 이상 모이면 뇌로 신호가 가서 우리가 화장실에 가고 싶다는 느낌을 받게 되고, 마지막으로 요도를 통해 몸 밖으로 배출되는 거죠.

〈정리〉

배설계 = 폐기물 처리장

신장 = 정수기, 혈액 필터

네프론 = 아주 작은 필터 단위

보먼주머니 = 커피 필터

보먼주머니에서 생긴 원뇨가 세뇨관을 따라 재흡수와 분비 과정을 거침

소변은 요관에서 방광으로 이동함.

이뿐만이 아니에요.

피부도 배설계의 중요한 보조 환기구 역할을 한답니다. 우리가 더울 때 땀을 흘리죠?

피부에 있는 땀샘이라는 효과기에서 땀을 분비하는데, 이 땀은 대부분 물이지만 소량의 염분, 요소 같은 노폐물도 함께 포함되어 있어요. 땀을 흘리면서 체온을 조절하는 동시에 일부 노폐물도 몸 밖으로 내보내는 똑똑한 시스템인 거죠.

이렇게 우리 몸은 효과기들이 명령을 실행하고, 호흡계가 산소를 공급하며 이산화탄소를 배출하고, 소화계가 영양분을 추출하고, 배설계가 최종 폐기물을 처리하는 등 다양한 시스템들이 유기적으로 연결되어 완벽하게 작동하고 있답니다. 이 모든 시스템들이

서로 협력하며 우리 몸이라는 최첨단 빌딩을 항상 깨끗하고 건강하게 유지시켜 주는 거예요.

4장

Ph. D. in sex education
(올바른 성교육)

Ph.D. in sex education

성교육이라고 하면 흔히 교과서적인 내용을 떠올리면서 다소 지루하게 생각하실 수도 있어요.

하지만 솔직히 말씀드리면 그게 전부가 아니거든요. 성교육은 마치 '나'라는 엄청 복잡하고 신비로운 지도를 읽는 법을 배우는 것과 같아요.

이 지도가 정말 대단한 게, 우리 몸이 어떻게 생겼는지부터 마음은 어떤지, 다른 사람과는 어떻게 지내야 하는지, 그리고 자신을 어떻게 지켜야 하는지까지, 인생의 온갖 길을 안내해 주는 아주 소중한 내비게이션 같은 존재랍니다.

오늘은 무슨 생각을
하고 계신가요

알건 다 알아야지!

+

자, 그럼 이 지도의 첫 번째 부분부터 자세히 살펴볼
까요? 이곳은 바로 내 몸의 사용 설명서를 읽는 법을
알려주는 곳이에요. 솔직히 내 몸인데도 어떤 원리로
작동하는지 이해하기 어려운 부분이 많지 않나요?

　우리는 태어날 때부터 남자 또는 여자라는 몸의 특
징을 가지고 태어나는데, 이게 마치 내 몸의 기본 설
계도와 같아서, 염색체라는 아주 작은 설계 도면이
'넌 이렇게 만들어져라!' 하고 지시를 내리는 것이죠.
그러다 사춘기가 찾아오면, 이건 마치 오래된 집이 최
첨단 스마트 하우스로 리모델링되는 대규모 공사 시
기와 같아요. 호르몬이라는 몸속 건축가들이 활발하
게 작용하면서 키가 쑥쑥 크고, 목소리가 변하며, 몸
의 곡선이 달라지는 등 큰 변화를 겪게 돼요. 이 모든
변화는 나중에 새로운 생명을 만들 수 있는 능력을

준비하는 과정이랍니다.

 남성의 정자는 생명이라는 퍼즐의 작은 조각과 같고, 여성의 난자는 그 조각이 딱 들어맞는 빈 공간과 같아서, 이 둘이 만나 수정이라는 마법 같은 조립 과정을 거치면 새로운 생명이라는 작은 불꽃이 튀면서 아기가 자라기 시작해요. 정말 신기하지 않나요?

 다음은 마음 지도예요. 이는 몸의 생김새와는 또 다른, 진정 자신만의 비밀스러운 이야기라고 할 수 있어요. 우리는 태어날 때 몸은 남자 또는 여자로 정해져 태어나지만, 스스로 느끼는 '나는 어떤 성별일까?' 하는 생각은 다를 수 있거든요. 마치 몸은 빨간색으로 태어났는데, 마음은 파란색이라고 느끼는 것처럼 말이에요.

이러한 내 영혼의 색깔은 오직 자기 자신만이 정확히 알 수 있는 매우 귀한 비밀이랍니다. 그리고 이러한 내 마음의 성별을 바탕으로 옷차림, 머리 스타일, 행동 방식 등 다양한 방법으로 자신을 표현해요. 이는 마치 자신이 원하는 옷 스타일을 선택하거나 연기하고 싶은 역할을 여성적인 옷을 입는 남성도 있듯이, 정말 다양하게 자신을 드러낼 수 있어요.

세 번째는 사랑 지도예요. 이는 마음의 나침반이 어디를 향하는지에 대한 이야기로, 자신이 누구에게 끌리고, 누구와 사랑하고 싶은지에 대한 내용이에요. 어떤 사람은 이성에게 끌리고, 어떤 사람은 동성에게 끌리며, 또 어떤 사람은 성별과 상관없이 그 사람 자체에게 끌리기도 해요. 이는 마치 마음의 나침반이 가리키는 방향과 같아서, 누구도 강요하거나 바꿀 수 없는 매우 자연스러운 끌림이랍니다.

사랑하고 관계를 맺는 것은 두 사람이 함께 튼튼한 다리를 놓는 것과 같아요. 서로 존중하고, 이해하며, 배려하면서 함께 다리를 건설해 나가야 해요. 사춘기 이후, 새로운 생명을 만들 수 있는 능력이 생기면서, 성관계는 일부 관계에서 자연스럽게 발생할 수 있는 중요한 부분이 돼요. 이는 단순히 생명을 만드는 것을 넘어, 서로에게 깊은 친밀감을 느끼고, 사랑을 표현하며, 육체적인 즐거움을 나누는 소중한 경험이 될 수 있답니다.

이러한 관계에서 가장 중요한 것은 바로 동의 (Consent)예요. 이는 마치 초록불과 같아서, 모든 사람이 진심으로 원하고 동의할 때만 다음 단계로 나아갈 수 있어요. 만약 한 명이라도 주저하거나 불편해한다면, 그건 빨간불이니 무조건 멈춰야 한답니다. 동의는 언제든 취소될 수 있는 유효 기간이 있는 초록불이라는 것도 절대 잊으시면 안 돼요.

그렇다면 어떻게 서로의 동의를 확실히 확인할 수 있을까요? 가장 중요한 건 명확한 언어적 확인이에요. "괜찮으세요?", "이거 원하세요?", "이렇게 해도 될까요?"와 같이 직접적으로 묻고 상대방의 긍정적인 대답을 듣는 것이 중요해요. 단순히 침묵하거나 애매한 반응은 동의가 아니랍니다. 상대방의 몸짓이나 표정 같은 비언어적인 신호도 주의 깊게 살펴야 해요. 편안하고 적극적인 반응인지, 아니면 긴장하거나 불편해하는 모습은 아닌지 말이죠. 그리고 한 번 동의했다고 해서 계속 동의하는 것은 아니에요. 동의는 언제든 철회될 수 있어요. 중간에라도 상대방이 불편함을 느끼거나 원치 않는다고 표현하면, 즉시 멈추고 존중해야 해요. 술에 취했거나 의식이 없는 상태에서는 절대 동의를 할 수 없다는 점도 명심해야 해요. 서로의 동의를 확인하는 것은 상대방의 자율성을 존중하고 건강한 관계를 만드는 가장 기본적인 약속이랍니다.

그리고 성관계 전에 서로의 감정 상태를 확인하고 존중하는 것도 정말 중요해요. 단순히 몸만 준비되었다고 해서 되는 게 아니거든요. 먼저, 솔직한 대화로 마음을 열어보는 게 좋아요.

"오늘 기분은 어때?", "혹시 지금 피곤하거나 힘든 건 없어?" 같은 질문을 편안하게 주고받으면서 서로의 감정 상태를 확인하는 거죠. 상대방이 말하지 않아도 표정이나 어조, 몸짓 같은 비언어적인 신호들을 주의 깊게 살펴보는 것도 필요해요. 혹시 상대방이 오늘 힘든 일이 있었거나, 스트레스를 많이 받았다면, 성관계보다는 따뜻한 위로나 휴식이 더 필요할 수도 있거든요. 상대방이 조금이라도 망설이거나 불편해하는 기색을 보인다면, 그건 '아니요'로 받아들이고 존중해야 해요. 서로가 어떤 감정이든 솔직하게 표현할 수 있는 안전하고 편안한 분위기를 만드는 것이 중요하답니다. 성관계는 두 사람 모두가 정신적으로나 감정적으로 편안하고 긍정적인 상태일 때 가장 좋은 경험이 될 수 있다는 걸 꼭 기억해 주세요.

또한, 신체적인 준비 상태를 존중하는 것도 빼놓을 수 없어요. 성관계는 삽입이 전부가 아니에요. 충분한 전희(foreplay)는 단순히 흥분을 높이는 것을 넘어, 신체적으로 편안하고 즐거운 경험을 위한 필수적인 과정이랍니다. 특히 여성의 경우 충분한 윤활이 되지 않으면 통증을 유발할 수 있고, 이는 성관계에 대한 부정적인 경험으로 이어질 수 있어요. 전희를 통해 서로의 몸이 충분히 준비될 시간을 주는 것이 중요해요. 필요하다면 윤활제 사용을 주저하지 마세요. 윤활제는 성관계 시 마찰을 줄여 통증을 예방하고, 더 편안하고 즐거운 경험을 할 수 있도록 도와주는 좋은 도구예요. 만약 성관계 중 통증이 느껴진다면, 그건 몸이 보내는 명확한 멈춤 신호예요. 통증을 무시하고 강행해서는 절대 안 돼요. 즉시 멈추고, 원인을 파악하거나 자세를 바꾸는 등 조치를 취해야 해요. 필요하다면 전문가의 도움을 받는 것도 좋은 방법이에요. 성관계 전후로 개인위생을 철저히 하는 것도 서로를 위한 기본적인 배려이자 존중이에요. 이는 불필요한 감염을 예방하고, 서로에게 더 쾌적하고 안전한 환경을 제공한답니다. 마지막으로, 성관계의 속도나 강도는 사람마다 선호하는 정도가 달라요. 상대방의 반응을 살피면서 서로에게 편안하고 즐거운 속도를 찾아가는 것이 중요해요. 한쪽만 좋다고 해서 좋은 성관계는 아니니까요.

마지막은 안전 지도예요. 이는 자신의 몸을 안전하게 지키는 법에 대한 이야기로, 마치 소중한 몸을 보호하는 방패나, 자동차가 안전하게 달리도록 정비하는 것과 같아요. 특히 성관계는 서로에게 깊은 유대감을 선사할 수 있지만, 동시에 원치 않는 임신이나 성병 감염의 가능성도 동반하기 때문에 큰 책임감을 필요로 해요.

그래서 원치 않는 임신을 피하고 싶다면 피임이라는 미래 계획을 세워야 해요. 이는 마치 여행 가기 전에 미리 숙소를 예약하고 짐을 싸는 것처럼, 안전한 방법을 미리 알아두고 준비하는 것이 중요하답니다. 피임 방법은 생각보다 다양하며, 자신에게 맞는 방법을 찾는 것이 중요해요.

예를 들어, 남성용과 여성용이 있으며 사용이 간편하고 성병 예방에도 효과적인 콘돔이 있고요, 매일 정해진 시간에 복용하여 배란을 억제하는 경구 피임약도 있어요. 그 외에도 3개월에 한 번 주사하는 피임주사, 일주일에 한 번 피부에 부착하는 피임 패치, 팔

안쪽에 삽입하여 장기간 피임 효과를 보는 임플란트 같은 호르몬 피임법들도 있답니다. 자궁 안에 삽입하여 수년간 피임 효과를 유지하는 자궁 내 장치 (루프)도 있으며, 성관계 후 원치 않는 임신이 우려될 때 가능한 한 빨리 복용해야 효과가 높은 응급 피임약도 있어요. 물론 남성의 정관수술이나 여성의 난관 수술처럼 영구적인 피임을 원하는 경우 선택할 수 있는 방법도 있답니다. 질외사정이나 자연주기법 같은 방법들은 피임 성공률이 매우 낮으므로 안전한 피임법으로는 권장되지 않아요. 어떤 피임법이든 전문가와 상담하여 자신에게 가장 적합하고 안전한 방법을 선택하는 것이 중요해요.

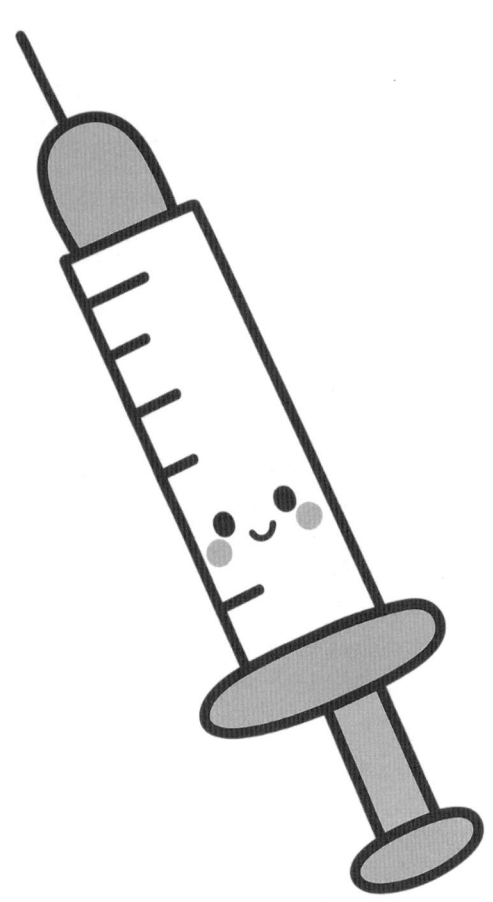

성병은 몸속에 침입하는 작은 균들 같아서, 몸을 깨끗하게 관리하고 안전한 관계를 맺는 것이 중요해요. 정기적인 검진과 예방은 자신의 몸을 지키는 가장 좋은 방법이니 꼭 기억해 두시길 바라요.

성병 예방을 위한 구체적인 방법들은 다음과 같아요. 가장 효과적인 방법 중 하나인 콘돔의 올바른 사용은 성관계 시 처음부터 끝까지 올바르게 사용하는 것이 중요해요. 새로운 성 파트너가 생겼거나 의심스러운 증상이 있을 때는 반드시 정기적인 성병 검진을 받아 조기에 발견하고 치료해야 해요. 또한, 파트너와의 솔직한 대화를 통해 서로의 성 건강 상태를 공유하고 필요하다면 함께 검사를 받는 것도 좋은 방법이에요. 인유두종바이러스(HPV) 감염으로 인한 자궁경부암 등 특정 성병을 예방하는 데 매우 효과적인 HPV 백신 접종도 고려해 볼 수 있어요. 기본적인 청결 유지와 함께, 성 파트너의 수를 제한하거나 주사기 공유 등 위험한 행동을 피하는 안전한 성생활 습관을 가지는 것도 중요하답니다.

결론적으로 말씀드리자면, 성교육은 단순히 지식을 배우는 것을 넘어, 자신을 진정으로 사랑하고, 다른 사람을 존중하며, 건강하고 안전하게 살아가는 법을 배우는 과정이에요. 이 지도를 잘 읽기만 해도 우리 모두가 행복하고 책임감 있는 삶을 살아가는 데 큰 도움이 될 거예요. 이해가 되셨기를 바라요.

생물 전공자가 풀어주는 생물이야기

초판 1쇄 인쇄 2025년 10월 23일
초판 1쇄 발행 2025년 10월 23일

지은이   권현진

디자인   포레스트 웨일
펴낸이   포레스트 웨일
펴낸곳   포레스트 웨일
출판등록   제2021 - 000014 호
주소   충청남도 아산시 탕정면 용머리길 40 유니콘101 216호
전자우편   forestwhalepublish@naver.com

종이책   979-11-94741-55-8

작가님들과 함께 성장하는 출판사
포레스트 웨일입니다.
작가님들의 소중한 원고를 받고 있습니다.
forestwhalepublish@naver.com